跟冠军咖啡师学做咖啡

[日] 丸山咖啡 铃木树 监修

范文 译

中国轻工业出版社

002

让冲咖啡成为每天的享受

在店里享用一杯香浓的咖啡，身心都能得到放松。

其实，在家按照自己的喜好冲上一杯更是别有一番风味。

只要掌握一点点小技巧，谁都能做出美味的咖啡。

让我们跟着这本书一起学习更多的咖啡知识和窍门吧！

本书的使用方法

这本书里有满满的关于咖啡的各种知识点，
最适合喜欢在家或是店里品味咖啡的你。
无论你是初级入门还是已经与咖啡相伴多
年，在本书中都能有新的收获。

1 Chapter 咖啡的基础知识

人类是从什么时候开始饮用咖啡的？
咖啡分为哪些等级？
不同产地的咖啡豆各有什么特征呢？

2 Chapter 寻找属于自己的咖啡

面对令人眼花缭乱的各种咖啡豆，有许多
人都不知道哪一款才符合自己的喜好。
该去哪里买咖啡豆？如何能准确描述出你
喜欢的咖啡豆类型？
咖啡不仅可以品尝还能欣赏。

> Tips
> 我也会为大家介绍
> 独家小窍门

3 Chapter 自己冲煮咖啡之前需要掌握的几点

在店里喝当然不错，但你不想买点喜欢的
咖啡豆回家自己试试吗？
这一章为大家介绍在家冲煮咖啡的基础工具。
你们是否知道咖啡豆称重至关重要？

冲煮出美味的咖啡

可能你迄今为止只冲过速溶咖啡，总觉
得自己冲的咖啡差点意思。
不用担心，你只要掌握这一点点小技巧
就能做出满屋飘香的咖啡！
并不需要任何特别的工具。

花式咖啡

当你已经可以冲出美味的黑咖啡后，不想
尝试一些花样吗？
想放松心情、想集中精力、和朋友相聚时，
让我们尝试在不同的场合冲煮出不同的
咖啡。

咖啡配美食

能和咖啡搭配的并非只有曲奇饼干之类的
甜食。和红酒一样，咖啡豆的种类、烘焙
程度不同，搭配的食物也不同。
跟我学一学如何通过搭配小食激发咖啡的
美味吧！

卷首语
Introduction

咖啡为现代生活增添幸福感

"我给你冲杯咖啡吧！"

在现代生活中，越来越多的人经常将这句话挂在嘴边。一定有不少人也常常在家喝咖啡吧！

我从事与咖啡相关的工作已经15年了。这些年，我与咖啡亲密接触，无时无刻不在考虑着关于咖啡的各种事情。可以说每一天都是泡在咖啡里度过的。

但是，新冠病毒完全改变了我的生活。病毒肆虐的日子，只能闭门不出，正因如此，我又重新感受到了咖啡的力量。

丸山咖啡　咖啡师

铃木树

　　调制、品味咖啡，能让我心情放松、精神振奋。仅仅是每天一杯醇香、美味的咖啡，就能让我感到无比幸福。而且，我相信这种幸福是可以与更多人分享的。

　　手捧这本书的你，可能已与咖啡相伴多年，也可能刚刚接触咖啡。期待这本书能带你更深入地走进咖啡的世界，也愿你每次品尝咖啡时都能感受到小小的幸福。

目录
Contents

冲煮出美味的咖啡

Make Delicious Coffee

花式咖啡

咖啡配美食

Basic Coffee Knowledge

Chapter

1

咖啡的基础知识

History of Coffee

是谁发现了咖啡的魅力

人类发现了这小小的红色果实，并慢慢将其演变成了神奇的咖啡。我们一起了解一下它是在哪里被发现的，又是如何在全世界流行起来的。

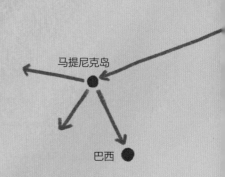

马提尼克岛

巴西

咖啡的原料是咖啡豆，咖啡豆是由咖啡树所结果实里的种子加工而成的。咖啡树是茜草科咖啡属的多年生常绿灌木，一年开花 1~2 次，花落后结出的红色果实被称为"咖啡樱桃"，它里面的种子就是咖啡豆。

谁是第一个喝咖啡的人，世人众说纷纭。关于这一点，我给大家讲两个小故事。

第一个故事流传于阿比西尼亚（如今的埃塞俄比亚）。一天，有位名叫加尔第的牧羊人发现山羊吃了一种红色的果实后异常兴奋。他忍不住自己也摘来尝尝，尝过后感到神清气爽。后来，附近的修道院开始饮用由这种果实烹煮而成的水，以免在宗教仪式上犯困。

第二个故事发生在也门的摩卡地区。奥玛尔因犯下罪行被逐出摩卡，一个人生活在山上的洞穴中。有一天，在一只漂亮小鸟的引领下，奥玛尔找到一种红色果实，并煮水服下，他的饥饿和疲劳顿时一扫而光。他迅速把这红色果实的神奇之处告诉了人们。

据说，咖啡树中最出众的阿拉比卡种"铁皮卡"的原产地就是第一个故事的诞生地——阿比西尼亚（埃塞俄比亚）高原。这里的原生品种被移植到也门，又在 1600 年传到印度，后经过爪哇岛、西印度群岛到达中南美洲各国。

时间不明
（关于咖啡起源的传说）

牧羊人加尔第通过观察食用了红色果实的羊，发现了咖啡的功效

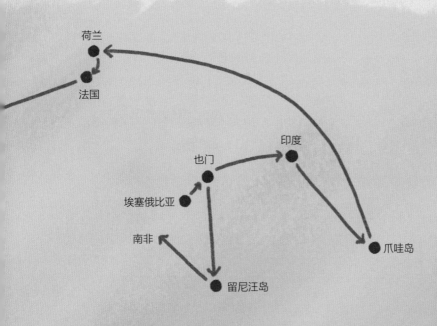

荷兰

法国

印度

也门

埃塞俄比亚

南非

留尼汪岛

爪哇岛

咖啡从埃塞俄比亚
传到了世界各国

咖啡的历史

| 14世纪 ❯ | 16世纪 ❯ | 17世纪 ❯ | 18世纪 ❯ |

奥玛尔在山上摘取红色果实，烹煮饮用，消除饥饿和疲劳

中东地区开始烘焙咖啡豆，用其煮水饮用

阿比西尼亚高原原生咖啡品种（铁皮卡）被移植到也门。之后作为农作物种植

朝圣者巴巴不丹将咖啡种子带回印度

从也门被带到阿姆斯特丹的植物园

通过荷兰的东印度洋公司从印度传到爪哇岛

由阿姆斯特丹的植物园献给路易十四

从也门传到了位于马达加斯加岛东部的留尼汪岛，『波旁种』诞生

在加勒比海沿岸及中南美洲广泛传播

法国军官将其带到马提尼克岛。之后

访问法属圭亚那的巴西官员将其带到巴西

How Coffee are made

咖啡豆变身为
咖啡之路

咖啡的世界里"从种子到杯子"的理念广泛流传。

为得到一杯风味绝佳的咖啡，严格实施规范的条令、生产和品控是非常重要的。

1 播种

咖啡种子不能直接撒在地里，而是需要播种在育苗盒中，精心培育。大概一个半月后会发芽，幼苗长到40~60厘米高时移植到地里。

4 结果

果实成熟后会变成红色，需要6~8个月。有些品种的果实会变成黄色或者橘色。成熟后的果实红红的，看上去很像樱桃，所以咖啡果也被称为"咖啡樱桃"。

7 去壳 挑选

将咖啡樱桃的种子静置1~2个月后，用脱壳机去壳。手工挑选脱壳后的生豆，去除有瑕疵的豆子（指发育不良或被虫咬过的豆子，会对味道产生影响）、混入的小石头及树枝等杂物。

8 杯测

种植园、生产加工部门、出口公司都会分别对咖啡进行测试。通过冲煮、品尝、闻香来判断咖啡是否达到出口标准。

2　育苗

移植后的树苗需要3~5年才长成成树。为了防寒和调整光照时间，在它们周围还会种上遮阴树。

3　开花

进入雨季后，咖啡树会开出像茉莉花一样芬芳、洁白的花朵。花落之后就结出绿色果实。一般一年开花1~2次。

5　收获

收获熟透的果实。不同树枝上果实的成熟时间各不相同，高品质种植园会由人工精细采摘，大规模种植园则会用机器统一收获。

6　生产处理

接下来用自然干燥式、水洗式、半水洗式等方式处理咖啡樱桃的种子。

9　发货

将咖啡豆装袋发货。一直以来都是用麻袋包装。考虑到需要长时间运输，也会用塑料袋加麻袋的双重包装甚至真空包装。

10　送到世界各地

咖啡豆从产地装船后经过1个月左右运送到世界各国。接下来，咖啡的美味程度就由烘焙、研磨、萃取等环节决定了。

Producers
of
Coffee

咖啡种植者
各自的坚持

我们都知道原产国不同的咖啡其风味相去甚远。每个地区、每个种植园、每一位种植者在咖啡生产过程中的做法千差万别。下面介绍4位备受关注的咖啡生产者。

#02

永无止境的探索精神
掀起新的咖啡风暴

玛丽莎贝尔·卡巴捷罗
Marysabel Caballero

洪都拉斯 / 爱普恩特咖啡园
Honduras/El Puente

得天独厚的种植环境加种植者倾注的热忱，打造出甘甜奢华的味道

Tips

近年来，洪都拉斯在咖啡的产量和质量上都展现出了极大潜能。在大环境的熏陶之下，玛丽莎贝尔年少时期就从事与咖啡生产相关的工作，她潜心钻研咖啡的栽培及生产方法，2016年获得洪都拉斯CoE（Cup of Excellence，中文译作"卓越杯"，全世界最具权威的精品咖啡竞赛）冠军，并且创造了CoE生豆竞拍最高价，促进了洪都拉斯国内咖啡产业的蓬勃发展。现在他们的咖啡园也一直保持着国际高水准，种植瑰夏和卡杜埃等品种。

#01

通过精心生产处理
守护传统波旁咖啡

保罗·斯塔里
Paul Starry

危地马拉 / 圣杰拉尔多咖啡园
Guatemala/San Gerardo

坚持精良的手工生产，赋予咖啡巧克力般的丝滑风味

Tips

保罗的咖啡园位于距危地马拉城车程1小时左右的一片高地上，种植着传统的波旁种。这个品种易发生病虫害，即使在高地，近年也不断有病害发生，所以许多种植园都纷纷改种抗病虫害能力更强的品种。保罗对波旁种很执着，依然坚持种植。为了生产出味道纯正的咖啡，他坚持人工一颗一颗摘取成熟的咖啡樱桃，彻底清洗并干燥咖啡豆。精细的生产过程，让咖啡豆拥有良好的干燥状态，产品出仓之后经过一段时间沉淀，咖啡风味更为优秀。

#03

肩负着玻利维亚
未来的咖啡
种植园主

佩德罗·罗德里格斯
Pedro Rodriguez

玻利维亚 / 阿拉希塔斯咖啡园
Bolivia/Las Alasitas

在玻利维亚，小规模咖啡园较多，现代种植法尚未广泛普及，导致近年咖啡产量锐减。佩德罗对此深感焦虑，2012年开始亲自经营自己公司的咖啡园。他积极尝试现代种植方法并致力于提升品质，他的努力取得了显著的成效。在阿拉希塔斯咖啡园中，咖啡树沿着山势有序种植，结出的咖啡樱桃颗粒硕大、甜度喜人。现在他经营着12家咖啡园，主要种植瑰夏、爪哇、卡杜拉等品种。佩德罗还开启了"明日太阳"计划，组织起一批年轻有干劲的咖啡制造者，将自己成功的经验分享给他们，因此被誉为玻利维亚咖啡界的领航人。

土地、品种，大胆尝试现代种植方法，生产出别有风味的咖啡豆

Tips

Tips

一种让人联想到各种鲜果、像篮满水果的果篮一样的复合果味

#04

所有环节绝不马虎
生产高品质咖啡豆

海明·卡德纳斯
Jaime Cardenas

哥斯达黎加 / 希利米特斯
麦克米伦咖啡园
Costa Rica/
Sin Limites Micromill

海明的家位于能将整个城市尽收眼底的高处。他的咖啡园位于西部山谷地区，这里云集着精良的咖啡园。他本人对咖啡豆生产有着惊人的热情，对待工作精良、细致是他的信条。比如：他规定咖啡干燥处要铺设混凝土地面，严禁穿鞋进入；工作时要戴上手套，趴在地上仔细挑选出杂物和有瑕疵的咖啡豆。"我们想在手眼能及的范围生产咖啡豆，所以很难扩大规模。"他坚持着一副苦行僧的做派。他的这种态度也原封不动地反映在柔和里带着回甘、香味四溢的咖啡中。他的咖啡园中有SL28、瑰夏、维拉萨奇等品种，因产量少引得各国买手争相购买。

Coffee and Japanese

日本人与咖啡的邂逅

如今日本的咖啡消费量排在世界前列，但是据说最先品尝到咖啡的日本人被这始料未及的味道吓了一跳。

对于江户时期（1603—1868）闭关锁国的日本来说，唯一能与外国接触的窗口就是长崎出岛。据推测，第一个喝咖啡的日本人，应该是经常出入荷兰商馆的翻译。到了幕府（1185—1867）末期，因日本的西洋学者对欧洲文化兴趣大增，他们开始饮用、推广咖啡，日本也开始进口咖啡。不过，咖啡在当时似乎并不符合日本人的口味，当时的狂歌大师大田南畝的评价是"焦臭扑鼻，难以下咽"。

日本结束锁国状态后，不仅是横滨租界的外国人连本国人也开始喝起了咖啡。1888 年，日本第一家真正意义上的咖啡店"可否茶馆"在东京上野开业。到了明治（1868—1912）末期，吃西餐喝咖啡在普通人之间也流行开来。银座的"圣保罗咖啡"以低廉的价格提供地道的咖啡，吸引了众多追求异国元素的知识分子、艺术家，咖啡文化终于在日本拥有了一席之地。

昭和（1926—1989）时期，因为战争原因，咖啡被定为"敌国饮料"，1942 年日本全面停止进口咖啡，直到 1950 年也就是战争结束 5 年之后才解除禁令。当时，美国生产出了"速溶咖啡"，一传入日本就因其便捷性广受欢迎，日本也陆续开始生产，咖啡就这样迅速渗透到了日本人的日常生活之中。

17世纪 ▶

据说日本最早开始喝咖啡的地区是长崎出岛

日本人最先发明了罐装咖啡

罐装咖啡既方便又便宜，受众极广。它的发明者是UCC的创立者上岛忠雄。有一次，上岛正在车站的小店里喝瓶装咖啡牛奶，还没喝完呢，火车发车时间就到了，他不得不把咖啡牛奶瓶还给店家。上岛也因此事灵光一闪，"如果装在易拉罐里就能避免发生这样的事情了"。随后，他的公司于1969年生产出了世界上首款罐装咖啡。目前，日本罐装咖啡的年消耗量达到100亿瓶。

日本咖啡的历史

18世纪后半期—19世纪前半期	1844年前后	1888年	1911年	1942年	1950年	1953年	1960年	1969年	2003年
幕府大臣、儒学家、西洋学者逐渐接触咖啡	江户幕府允许咖啡进口	可否茶馆在上野开业	银座的圣保罗咖啡开业，吸引了大批文化人，咖啡文化盛行	因为战争原因，咖啡被认为是敌国饮料，停止进口	日本重新开放咖啡进口	战后首次进口蓝山咖啡	咖啡豆进口自由化	上岛咖啡生产出世界上第一款罐装咖啡	日本成立了精品咖啡协会

北原白秋
北原白秋与木下杢太郎等人组建了"潘恩会"。他们每个月在位于日本桥的"鸿巢"咖啡馆聚会，享用法国料理、品尝纯正的咖啡。这群文人是咖啡的忠实粉丝，在他们的小说和随笔中，咖啡也屡屡出现。

水野龙
水野龙是一位推进巴西移民政策的社会人士，他经营的咖啡馆"圣保罗咖啡"位于银座，物美价廉，引得众人追捧。

大田南畝
大田南畝是江户幕府的一位幕臣，同时也精于学问，文笔俊逸，不仅创作了大量的随笔，还留下许多优秀的狂歌和汉诗文作品。1804年，他记录了喝咖啡的体验，这是第一篇日本人写咖啡的文章。

Sourness and Bitterness

咖啡的
酸味和苦味

通过改变烘焙程度、过滤时间、水温等可以控制咖啡的酸味和苦味。

经 常有人会说"我喜欢酸味强一点的咖啡"或者"我喜欢苦味重一些的咖啡"，每个人都有各自喜欢的咖啡风味。那么咖啡的苦味和酸味到底是如何控制的呢？

咖啡的味道与咖啡豆的种类（产地、品种）有很大的关系，除此之外，也与水温、过滤时间、烘焙程度、研磨的粗细、用量大小等息息相关。

搞清楚温度、时间、用量是如何决定味道的，对做出符合自己口味的咖啡至关重要。同时，过滤时使用什么器具也很关键。大家记住以下内容，就能轻松调制出自己喜爱的咖啡味道。

温度与萃取时间

水温

低温萃取

低水温萃取，咖啡中的苦味不能充分释放，酸味就会更重。低温萃取得到的酸味比较柔和。

高温萃取

高水温萃取，苦味成分充分释放出来，即成一杯苦涩、醇厚的咖啡。高温也可得到高级又清新的酸味。

时间

快速萃取

萃取时间越短，咖啡浓度越低，口感越清淡。

充分萃取

萃取时间越长，咖啡越醇厚、甘甜，苦味越重。但是，超过一定的时间后，咖啡会变得又苦又涩。

烘焙度

浅烘焙

烘焙程度越浅,酸味越重,甚至几乎品尝不到苦味。

深烘焙

烘焙程度越深,苦味越明显。可以品尝到一股焦香味。

研磨的粗细程度

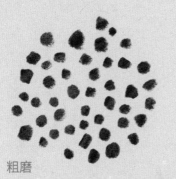
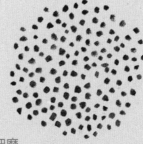

粗磨

颗粒越大,咖啡成分越难萃取,风味比较平淡。

细磨

颗粒越细,咖啡成分越容易萃取,苦味、甜味、醇厚度都会出来。如果颗粒太细,有些咖啡器具做出的咖啡会苦涩不堪,让人难以接受。

用量

量少

用量越少,咖啡浓度越低,味道也越清淡、柔润。

量多

用量越多,咖啡浓度越高,味道越浓厚、强烈。

Ranking of Coffee

咖啡有等级吗

咖啡豆的品质好坏、咖啡风味的差异决定了咖啡的等级，也决定了咖啡的价格，是选择美味咖啡的重要参考标准。

咖啡生产国采用的主要分级方式

1 按照产地海拔

一般来说，产于昼夜温差较大的高地上的咖啡，风味更加丰富。因此，产区海拔越高，咖啡的等级就越高。这种分级方式在巴西和危地马拉等国广泛使用。比如在危地马拉海拔1350米的地方种植的咖啡豆，如果尺寸完美、无瑕疵豆的话，它的等级为SHB(极硬豆)。

2 按咖啡豆大小

过筛是测量咖啡豆尺寸的古老方法。咖啡豆颗粒越大，品质越高。这种分级方式在哥伦比亚和肯尼亚等国广泛采用。比如说在哥伦比亚，S17（粒径大约6.75毫米）以上就被称为supremo（顶级），S14~16（粒径5.5~6.5毫米）被称为excelso（优秀）。

近年来备受关注的精品咖啡起源于20世纪70年代的美国。当时，美国将品尝后确实很美味的咖啡称为精品咖啡，但评价的标准不太清晰。1982年，"美国精品咖啡协会"成立，此后，在满分100分的官方杯测中得到80分以上的咖啡就被认定为精品咖啡。精品咖啡是指"生产过程清晰、管理规范、品质高、风味独特的咖啡"。此外，还有与精品咖啡不属于同一评价体系的"优质咖啡""普通咖啡""低等级咖啡"等。

精品咖啡和优质咖啡会明确记载产区与咖啡种植园。而流通量最大的普通咖啡是按照原产国分类的，出口时由产区自行分级后装袋。分级的依据有产区海拔、咖啡豆大小、瑕疵豆的数量等。咖啡豆的外包装上会标注"危地马拉SHB"等，表示它的等级。

3 瑕疵数

根据有损咖啡风味的瑕疵豆数目、小石子等异物混入量的多少来判断。

Tips

咖啡分级的标准并不是国际通用的，各国根据实际情况选择上述1~3的方法进行分级。精品咖啡看重的是清晰的生产过程，对尺寸和产地海拔并无具体要求，仅靠感官体验评价咖啡的味道。精品咖啡根据产地定级，以不同的评价标准来选定咖啡。

精品咖啡
Specialty Coffee

生产过程清晰、杯测达到80分以上、品质高、风味独特的咖啡豆。

优质咖啡
Premium Coffee

指定的产地与种植园生产的、有故事的、品质优良的咖啡豆。

普通咖啡
Commercial Coffee

按照产地、规格分类的品质一般的咖啡豆。

低等级咖啡
Low grade Coffee

低价产品所使用的咖啡豆。

025

Roasting
and
Balance

酸味较强

确认咖啡豆
的烘焙程度

咖啡豆只有经过烘焙后才能产生特有的酸
味和苦味。

烘焙程度不同，酸味和苦味的比例也会发
生变化，下面的知识点一定要记牢呀！

烘焙是利用器械烘烤加热生豆，使其内部成分发生化学变化，让咖啡豆释放香味。咖啡豆的颜色也随着烘焙，由最初的带绿的浅褐色变为茶褐色，香味也随之产生。浅烘咖啡酸味重，几乎感觉不到苦味，随着烘焙程度加深，酸味递减、苦味递增。

根据烘焙程度，咖啡大致分为"浅烘焙""中烘焙""中深烘焙""深烘焙"。若再细分的话还可以分为"极浅烘焙""肉桂烘焙""中烘焙""中深烘焙""城市烘焙""深城市烘焙""法式烘焙""意式烘焙"八个等级。咖啡豆的颜色随着烘焙程度的加深而变深，烘焙程度最深的豆子颜色接近黑色。

浅烘焙

酸味

苦味

推荐冲煮方法
滤纸冲煮

"极浅烘焙"是最浅的烘焙程度，用这样的咖啡豆做出的咖啡酸味较强，几乎没有苦味，甚至还能感受到一点生豆的青味。"肉桂烘焙"的咖啡豆会开始释放香气，不过依然苦味不明显。带有高级酸味的咖啡豆，能感受到其明显的特征。

中烘焙

酸味

苦味

推荐冲煮方法
滤纸冲煮、法兰绒滤网冲煮、加压萃取

"中烘焙"的咖啡豆呈明亮的栗色，香味也更加明显。冲出的咖啡依然是酸味占主导，但是也能感受到酸中带苦，极易入口。"中深烘焙"使咖啡酸味与苦味完美平衡，还能感到丝丝回甘。咖啡豆呈亮茶色。咖啡店有很多这种程度的咖啡。

苦味强、醇厚

第4部分将会详细介绍各种咖啡的冲煮方法

中深烘焙

酸味

苦味

推荐冲煮方法
滤纸冲煮、法兰绒滤网冲煮、加压萃取

"城市烘焙"的咖啡豆呈茶褐色。酸味依存，但是苦味和醇厚更胜一筹。这是在日本最受欢迎的烘焙程度之一，是咖啡店标准的烘焙程度。"深城市烘焙"的咖啡豆呈焦茶色，酸味明显减少，苦味显著增强。

深烘焙

酸味

苦味

推荐冲煮方法
滤纸冲煮、加压萃取

"法式烘焙"的咖啡豆呈浓茶色，近似于黑色，油脂渗透到表面，豆子带有光泽感。苦味强劲，奶油和牛奶是这种咖啡的好搭档。"意式烘焙"的咖啡豆能感受到强烈的烘烤香味，酸味全无，只有浓厚的焦香苦味。

Tips

判断咖啡豆烘焙程度深浅，不是只看颜色，温度和时间也至关重要。外观看起来一样的咖啡豆，若烘焙时间和火候不同，味道差异也很大。所以，同样是深烘焙的咖啡，不同的咖啡店做出来，酸度和苦度也会有所不同。

Provenance of Coffee

咖啡产地云集的 "咖啡腰带"

以赤道为中轴线，北纬 25° 到南纬 25°
之间的区域，因气候条件适宜种植咖啡树，
被称为"咖啡腰带"。

目前我们饮用的咖啡几乎都
是来自这片被称为"咖啡腰
带"的区域。

咖啡树属于茜草科，主要有阿拉
比卡种、卡尼佛拉种、利比里亚种，
它们也被称为"三大原种"。利比里亚
种，主要种植于利比里亚等西非国家，
收获的咖啡绝大部分都被自己国家消
耗了，市面上很难买到。

阿拉比卡种在中南美洲、非洲、
亚洲等地区广泛种植，咖啡豆酸味高
级、香味诱人，被选为精品咖啡的
100% 都是阿拉比卡种。它的代表品
种有铁皮卡、波旁、瑰夏等，由于易
患病虫害，与卡尼佛拉种相比，每棵
树的平均收获量较少。卡尼佛拉种比
阿拉比卡种更耐病虫害，单树收获量
也更高。这个品种的咖啡几乎没有酸
味，苦味强劲，工厂大规模生产的罐
装咖啡和速溶咖啡、混合咖啡中，选
择卡尼佛拉种的比较多。目前生产的
卡尼佛拉种咖啡大部分是一个品系罗
布斯塔，所以也可以将卡尼佛拉种等
同于罗布斯塔。

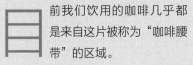

牙买加
危地马拉　　　　多米尼加
哥斯达黎加
哥伦比亚
巴西

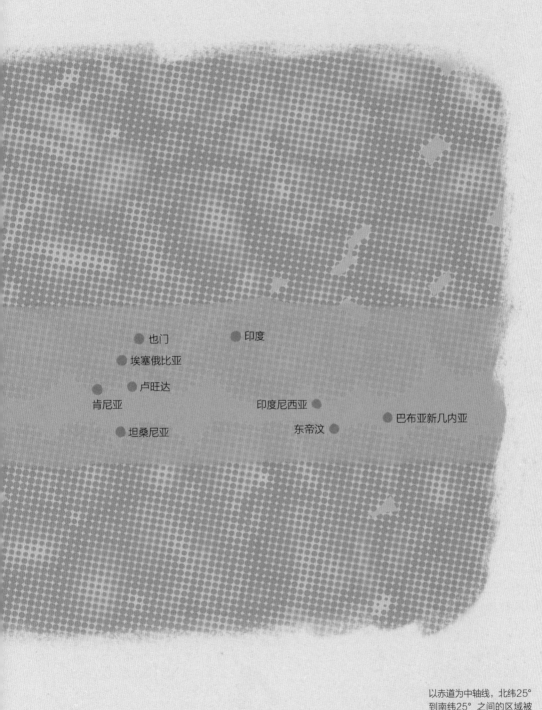

也门   印度

埃塞俄比亚

卢旺达

肯尼亚   印度尼西亚

坦桑尼亚   东帝汶   巴布亚新几内亚

以赤道为中轴线，北纬25°
到南纬25°之间的区域被
称为"咖啡腰带"。中南美
洲、非洲、亚洲对咖啡味
道的喜好各不相同。

Typical Types of Beans

从名字开始了解
代表性的咖啡品种

咖啡的三大原种又分为许多品系，并因嫁接和品种突变，又衍生出了无数的亚种。下面向大家介绍几个代表性的品种。

在长达几个世纪的漫长历史进程中，阿拉比卡种因品种突变和嫁接等因素，衍生出很多亚种，有的易于种植、有的风味独特。据说到目前为止，阿拉比卡种繁衍出来的旁系亚种有200多个。

日本市场上的咖啡品种大都和阿拉比卡种、卡尼佛拉种有关。其中，味道丰富的阿拉比卡种广受好评。

当我们在咖啡专卖店购买咖啡豆时，包装袋上一般都不会只写阿拉比卡种，而是连它是阿拉比卡种的哪个衍生品种都会标得一清二楚。虽说咖啡不如红酒那般，品种不同风味就千差万别，但咖啡中也不乏风味独特的品种。

阿拉比卡种

在所有咖啡中，阿拉比卡种占56.7%。它们一般种植于海拔1000~2000米的热带区域，因为怕干燥、不耐病虫害，所以栽培十分困难。波旁、铁皮卡、摩卡、蓝山等都属于阿拉比卡种。在三大原种中，就数阿拉比卡种风味最佳，值得一提的是，所有的精品咖啡都是阿拉比卡种。

Tips

瑰夏咖啡因产自埃塞俄比亚的瑰夏森林而得名。这种咖啡传到巴拿马后一举成名，备受推崇，迅速传播开来。现在除了巴拿马，中南美洲各国也广泛种植瑰夏。瑰夏咖啡不断走近我们的生活。

卡尼佛拉种

卡尼佛拉种也被称为罗布斯塔。它在低海拔炎热潮湿的地方也能存活，具有对病虫害抵抗力强、单树收获量多的优点。速溶咖啡、混合咖啡和罐装咖啡经常使用卡尼佛拉种咖啡豆。因苦味明显，浓缩咖啡中也常有它的用武之地。

Tips

阿拉比卡种风味佳，但是对病虫害的抵抗力较弱。因此，近年来，业界十分关注阿拉比卡种与卡尼佛拉种的杂交，以对两个品种各取所长，达到品种改良的目的。

铁皮卡

Typica

铁皮卡是阿拉比卡种中最接近原种的一款，是最古老的种植品种。豆体呈细长型。特点是酸味清新、香气细腻、味道柔和。缺点是易患咖啡锈病，产量低。许多国家都种植这个品种。

波旁

Bourbon

波旁是铁皮卡的突变种，最先被发现于移植到波旁岛（现留尼汪岛）的咖啡树上，与铁皮卡一样是最接近原种的古老品种。豆体比铁皮卡更小巧。拥有润滑的甘甜味道，酸苦达到了完美的平衡。在几乎所有的咖啡种植国中都能看到波旁种。

瑰夏

Geisha

瑰夏是1931年在埃塞俄比亚发现的品种。1960年前后传到了中美洲。它具有鲜明的个性及一种难以言说的细腻味道。2004年，巴拿马翡翠咖啡园出品的瑰夏创造了瑰夏咖啡史上最高竞拍价，因此它在精品咖啡的圈子备受关注。

卡杜拉

Caturra

卡杜拉是发现于巴西的波旁种的自然变种。植株较矮，但叶片较大，比铁皮卡和波旁都更为顽强。风味特点是略微甘甜、轻快。在危地马拉和哥斯达黎加等中南美洲地区广泛种植。

帕卡马拉

Pacamara

帕卡马拉是人工将波旁种的自然变种帕卡斯与铁皮卡的自然变种象豆杂交得到的。多种植于萨尔瓦多和危地马拉两国。颗粒大，产量不高。风味纯净，颗粒饱满。

SL28

SL28

20世纪初，英国在其殖民地肯尼亚设立"斯科特实验室"（Scott Laboratories）对众多咖啡品种进行筛选、培育，发现这个品种有着良好的抗旱性，风味浓郁。因此取了研究所名称的首字母缩写"SL"为它命名。这个品种在肯尼亚被广泛种植。

Provenance and Variety

咖啡豆的产地和品种

世界各地的咖啡树有 100 多种，但只有生长于能满足一定条件的地区的咖啡树结出的果实能做成饮品。

种植咖啡树需要几个必要条件。首先，全年气温不能太高也不能太低，平均温度在 20℃左右最为理想。高温加快咖啡树结果速度，但里面的种子尚未成熟，同时高温条件下树木易患锈病。而温度过低会结霜，导致树木枯萎。

适宜种植咖啡的地区需保证年降雨量在 1500 ~ 2000 毫米，生长期雨水多、收获期天气干爽（便于采摘）的话最为理想。也就是说这些地区要有雨季和旱季之分。

在生长期，适度的光照不可或缺，但也绝不能让阳光直射咖啡树。常见的解决办法是，种咖啡树时在它附近种上一些遮阴树。要想获得优质咖啡豆，昼夜温差也是必要条件，所以海拔是种植咖啡时需要考虑的因素之一，也是咖啡豆定级的指标，一直以来都很受重视。

能满足以上条件的地区，大都分布在"咖啡腰带"上。需要我们注意的是，即使是同样的咖啡品种，原产国不同，风味也会发生变化。下面我们一起了解一下各个国家的咖啡生产历史和现状。

巴西

咖啡年生产量

约 **3,775,500** 吨

（2018—2019年）

收获期
（5~9月）

| 1月 | 2月 | 3月 | 4月 | 5月 | 6月 | 7月 | 8月 | 9月 | 10月 | 11月 | 12月 |

主要品种

罗布斯塔、波旁、新世界、卡杜拉、伊卡图、卡杜埃

全球产量最大、出口量最高，当之无愧的咖啡大国

1727 年，咖啡树从法属几内亚被带到巴西。经过 100 多年的发展，1850 年巴西成为世界上最大的咖啡生产国。之后 150 多年，一直雄居全球第一，是技术最先进、产业最完备的咖啡生产国。巴西国内的咖啡消费量也与日俱增，紧随欧盟和美国之后，排世界第三位。不管从哪个方面来说，巴西都是引领咖啡文化的国度。

咖啡种植主要集中在巴西的东南部地区，那里有 30 多万户咖啡农。既有便宜的罗布斯塔，也有高品质的阿拉比卡，品种十分丰富。巴西不仅有投入现代化设备、追求产量和收益的大规模种植园，也有建立在山岳地带的潜心研发新品种、开发新技术的小规模农场。巴西国内成立了"巴西精品咖啡协会（BSCA）"，并且在 1999 年发起了国际咖啡品评会"卓越杯咖啡杯测赛（CoE）"。

Tips

巴西咖啡豆的最大特点是带有坚果香和醇厚感，口感芬芳，喝起来有杏仁和焦糖的味道。巴西的咖啡种植既重视传统，又注重技术的更新换代，一直稳定出产高品质咖啡。

危地马拉

Guatemala

咖啡年生产量

约 **240,420** 吨

（2018—2019年）

收获期	主要品种
（12~次年3月）	卡帝姆、卡杜拉、卡杜埃、波旁、帕夏

1月 2月 3月 4月 5月 6月 7月 8月 9月 10月 11月 12月

中美洲咖啡顶级生产国，咖啡香气扑鼻

1750 年前后，耶稣会修道士将咖啡树带到了危地马拉。这个国家地形复杂，有山地，也有平原，多样化的地形造就了个性独特的咖啡。

近年，出自危地马拉西北部薇薇特南果产区的咖啡，在"卓越杯咖啡杯测赛（CoE）"中连续获奖，在咖啡界受到广泛关注。

1969 年，为提高品质、规范管理，咖啡生产者共同出资成立了"危地马拉咖啡协会"（简称安娜咖啡店）。这个协会详细调研产区气候、种植园的地理环境和设备条件，并向所有种植园公开研究结果，主动支援咖啡农，为国内咖啡种植注入活力。危地马拉国内大多对咖啡进行水洗处理，协会会对各个种植园进行标准化的水洗管理，以确保生产出干净、香浓的咖啡。

Tips

咖啡品评会上的常客——薇薇特南果产区艾茵赫特种植园的咖啡，因酸味层次丰富、口感圆润，被誉为咖啡界的红酒。而另一个著名的产区——安提瓜产区所产咖啡带有浓郁的巧克力香气。

哥斯达黎加

咖啡年生产量

约 **85,620** 吨

（2018—2019年）

收获期

（11～次年3月）

1月	2月	3月	4月	5月	6月	7月	8月	9月	10月	11月	12月

主要品种

卡杜拉、维拉萨奇、卡杜埃

政府与生产者共同致力于种植高品质咖啡

哥斯达黎加从 19 世纪初开始种植咖啡。以前一直都是小规模种植园居多，近年来政府与生产者共同成立了"哥斯达黎加咖啡协会"，致力于生产高品质的咖啡，使咖啡种植全面升级。

这里只种植精品咖啡使用的阿拉比卡种，禁止种植卡尼佛拉种。

以前，哥斯达黎加将各个产区收获的咖啡樱桃集中起来进行生产处理。如今，咖啡农可以在被称为"微批次"的小型生产厂中各自处理收获的果实，生产者不同，咖啡豆也各有特点。近年受到广泛关注的"蜜处理"生产手法，也是源自哥斯达黎加。它们栽培的品种主要有卡杜拉、维拉萨奇等，因具有独特的柑橘类风味，在全球广受欢迎。

Tips

哥斯达黎加出产的咖啡酸味丰富。有许多农业博士在当地种植咖啡，他们热心于研发，勇于尝试栽种世界各地的品种。这里的咖啡种植技术高超，每年都有新品种和新生产工艺涌现，是世界瞩目的咖啡产地。

哥伦比亚

Colombia

咖啡年生产量

约 **831,480** 吨

（2018—2019年）

收获期

（4~6月、10~次年1月）

| 1月 | 2月 | 3月 | 4月 | 5月 | 6月 | 7月 | 8月 | 9月 | 10月 | 11月 | 12月 |

主要品种

卡杜拉、哥伦比亚、波旁、卡斯提优

广泛分布于山地的种植园产出多种多样的咖啡豆

哥伦比亚西濒太平洋、北临加勒比海，安第斯山脉横断南北。咖啡园多分布在安第斯山山麓的丘陵地带。全国各地的气候差别很大，每个地区都出产与本地气候适宜的咖啡。有的区域一年可以收获两次，除了主要收获季外，还有一个被称为"mecata"的次产季。

哥伦比亚的咖啡园大多沿着山势建在海拔较高的地方，所以很难扩大面积。据说哥伦比亚的咖啡农超过了56万户，其中大部分生产者的种植园都只有1~2公顷。

1972年，国家投入大量资金，成立了贯穿咖啡生产到流通环节的"哥伦比亚咖啡生产者联合会（FNC）"，全国咖啡种植水平得到了全面有效的提升。此后，联合会常常为咖啡农提供新研发的树苗和化肥，开办如何适度使用农药、怎样高效种植果木方面的讲座。水洗式是哥伦比亚咖啡生产的主流方式，联合会监管各个种植园的生产过程，有效保证不断生产出芳香浓郁、口感醇厚的咖啡。

Tips

哥伦比亚生产的咖啡，除了十足的酸味和醇香厚重的口感以外，还有各种浓郁的果香。虽说小规模生产者居多，多种植瑰夏等特点突出的品种，不断有咖啡生产者在大赛中崭露头角。

巴拿马

Panama

咖啡年生产量

约 **7,800** 吨

（2018—2019年）

收获期
（11~次年3月）

1月	2月	3月	4月	5月	6月	7月	8月	9月	10月	11月	12月

主要品种

瑰夏、卡杜拉、卡杜埃、铁皮卡

喝过一次就永远无法忘怀的巴拿马瑰夏

巴拿马国土的西部耸立着巴鲁火山，这座火山脚下的斜坡，具备肥沃的火山灰土壤、较为理想的海拔、充足的日照时间，称得上是咖啡种植的宝地。多年以来，众多咖啡园聚集于此地，不断生产出高品质的咖啡。

巴拿马生产的咖啡在 2004 年迎来了巨大的转机。那年，在"Best of Panama（巴拿马咖啡国际品评会）"上，翡翠咖啡园产的瑰夏凭借它香水一般的诱人香气，赢得众多买手的芳心，在大会上一举夺魁，并创造了咖啡豆竞拍史上的最高价格。

瑰夏原本是在埃塞俄比亚发现的，1960 年左右被带到中美洲。但是因产量不高，许多种植园都不再种植瑰夏。2004 年之后，巴拿马种植瑰夏的种植园明显增多，品质也稳步提升。

Tips

2004年，翡翠咖啡园生产出了优质瑰夏，它带着前所未有的馥郁香气、甘甜及美妙的酸味，让人不禁为之倾倒。瑰夏在巴拿马引起一阵风暴，被称为"巴拿马梦幻咖啡"。

埃塞俄比亚

咖啡年生产量

约 **466,560** 吨

（2018—2019年）

收获期

（10~次年2月）

1月	2月	3月	4月	5月	6月	7月	8月	9月	10月	11月	12月

主要品种

埃塞俄比亚原产的各个品种

山地至今仍保留大量原生咖啡树

埃塞俄比亚多山林地带，山地上有大量的原生树林。国内出产的部分咖啡就来自山上的野生咖啡树。

家庭经营的小规模生产者居多。他们没有成套的生产设备，只能把采集到的熟透的咖啡樱桃送到各地区设立的水洗厂集中处理。这些咖啡豆销售时，一般以生产处理厂或地区的名字命名。

近年来，随着精品咖啡的兴起、咖啡品评会制度的建立等，单一种植园产出的咖啡所受到的关注度越来越高。2020 年，埃塞俄比亚举办了首次"卓越杯"大赛，排名前几的咖啡豆每千克竞拍价能高达约 2800 元人民币。

这个国家的咖啡品种十分丰富，其中有许多未能判明具体品种的，都被归于埃塞俄比亚原生品种。大名鼎鼎的瑰夏咖啡，据说就源自埃塞俄比亚。

Tips

埃塞俄比亚如今依然有许多原生种咖啡，它们的口感具备原产地咖啡独有的丰富层次。也许是得益于这得天独厚的肥沃土壤吧！最近几年，埃塞俄比亚的小规模生产者和单一咖啡种植园都显著增加。

肯尼亚

Kenya

咖啡年生产量

约 **55,800** 吨

（2018—2019年）

收获期
（10~次年3月）

1月	2月	3月	4月	5月	6月	7月	8月	9月	10月	11月	12月

主要品种

SL28、SL34、鲁伊鲁11、巴蒂安、波旁

品质管理整齐划一，生产者能安心作业

19世纪末，咖啡树被带到肯尼亚。1933年，肯尼亚成立了咖啡局，并明确建立、制定了竞拍制度和咖啡豆的分级标准。一开始就建立了规范的管理制度，以确保高品质咖啡豆的品控和产出。

世界上第一个咖啡研究所——"咖啡研究基金会"就建在肯尼亚，下设"肯尼亚咖啡研究所"，提供咖啡生产最前沿的技术，为肯尼亚咖啡业保驾护航。

这里既有大规模的咖啡种植园，也有许多不具备生产处理设施的小规模生产者。生产者将收获的咖啡樱桃带到农协进行处理。肯尼亚山脚下聚集着尼耶利、恩布、基里尼亚加等闻名世界的产区。

肯尼亚代表性的咖啡品种有SL28、SL34和波旁等。许多消费者都喜爱肯尼亚咖啡，肯尼亚咖啡的任何动态总能获得买手们的关注。

Tips

肯尼亚有火山灰土壤，同时海拔较高、降雨量适中。优越的种植条件，让肯尼亚咖啡具备独特的类似于浆果、红茶和红酒的口感，独具魅力。

口感浓郁、味道独特

印度尼西亚

1699 年，印度尼西亚开始种植咖啡树，很快成为咖啡生产大国。其间，因咖啡树遭受锈病打击，大部分咖啡农改种对病虫害抵抗力较强的罗布斯塔种。不过，也有部分地区种植最优质的阿拉比卡种咖啡，苏门答腊岛上种植的曼特宁、苏拉威西岛出产的托拉加等，引得买手高价竞相购买。

口感酸味、苦味调和

玻利维亚

在玻利维亚的咖啡种植方面，小规模生产者、家族经营的种植园是主力。虽然当地的产区位于高海拔山地，也具备理想的气候和降水量，但是种植方面现代化进程缓慢，生产量年年减少，咖啡豆十分稀少，全国整体的生产量还抵不上巴西一个大型咖啡园。所产咖啡酸味、苦味达到完美平衡。

盛产传统的波旁种

萨尔瓦多

因内战，萨尔瓦多的咖啡产量一时锐减，也正因如此，品种没有更新换代，保留下大量原始波旁种咖啡树。萨尔瓦多国家研究所杂交出了颗粒较大的帕卡马拉种，口感厚重，独具柑橘类风味，得到了精品咖啡界的青睐。

中美洲最大的咖啡生产国

洪都拉斯

洪都拉斯咖啡年产量 43 万吨，可谓是咖啡大国。丰富的火山灰土壤和高海拔特别适合咖啡种植。为提高咖啡品质，国内设立了"洪都拉斯咖啡协会"，给生产者提供各方面的支持。不同产区出产的咖啡各具特色，有些带有柔和的酸味、有些带有果实的香气。

多种风味

Ecuador

厄瓜多尔

南北横断厄瓜多尔的安第斯山脉有多座活火山，因此山地土壤中富含火山灰，特别适于咖啡种植。同时种植香蕉树和可可树等作为咖啡树的遮阴树，也是厄瓜多尔咖啡种植的一大特色。种植的咖啡种类中，阿拉比卡种和罗布斯塔种的比例为 6：4，在海拔较高的地区主要种植高品质的阿拉比卡种。

低调的著名咖啡产区

Peru

秘鲁

安第斯山脉的高海拔、明显的昼夜温差，这些得天独厚的条件让秘鲁成了咖啡种植的沃土，咖啡产量稳居世界前十。种植品种全部为阿拉比卡种。小规模家族经营居多，受到系列咖啡品评会的影响，低调而品质优良的咖啡产地——秘鲁正日益受到各方关注。

生产处理方法赋予咖啡不同风味

咖啡豆收获之后，处理方法的不同会造成风味的天差地别。近年来，新的处理方法不断问世，备受关注。不过咖啡处理基本是以下 3 种方法。

1. 日晒处理法

这种方法是将收获的咖啡樱桃自然风干后，去除果肉和羊皮纸。这是最简单的传统方法，不需要使用设备。经这种方法处理后得到的咖啡，口感甘甜、厚重，香味浓郁。缺点是，受天气影响较大，也容易混入生豆、烂熟豆、异物等。

2. 水洗处理法

这种方法是将咖啡樱桃放进储水槽中去除异物，再投入去浆机中去除果肉。接下来放入发酵槽中将果实中的果胶分解，烘干后再去除咖啡生豆上的羊皮纸。

水洗处理法精准度高，处理后的咖啡味道纯净，酸味高级。这种方法的问题是，需要大型设备和耗费大量的水，也会排放大量废水。

3. 蜜处理法

与水洗处理法完全去除咖啡樱桃的果胶不同，蜜处理法会刻意保留生豆中的一部分果胶进行晒干处理。这样做出来的咖啡有恰到好处的厚重感和酸味。根据果胶残留量，分为"白蜜""黄蜜""红蜜"和"黑蜜"四个等级。与水洗处理法相比，蜜处理法的优点是产生的废水较少；但是与日晒处理法相比，花在设备上的成本更高。

Journey of Taste

2

Chapter

寻找属于自己
的咖啡

Choosing Your Beans

根据自己的偏好选择咖啡豆

只有知道自己喜欢怎样的味道，才能邂逅美味的咖啡。
沿着喜好的方向寻找，适合的咖啡就会出现。

咖啡豆生产国、咖啡种植园、品种、烘焙度、咖啡店……咖啡的味道会受到各种各样的因素影响，想找到自己喜欢的咖啡，实属困难。虽说冲煮方法也会导致口感的差异，但决定咖啡味道最主要的因素，还是在于咖啡豆的挑选。

明确自己的喜好，是邂逅美味咖啡的捷径。为了弄清自己的喜好，第一步就是去品尝各种各样的咖啡。建议从能够提供高品质咖啡豆的咖啡店或专卖店开始。

随着喝过的咖啡越来越多，经过比较，就能分辨出味道的差异。话虽如此，要立刻说出更喜欢哪个味道其实是很困难的。所以我们可以先粗略地从"淡薄"和"浓郁"两个大类来考虑。

第45页表格列出了7种风味，可以帮助大家探索自己的偏好。如果偏好醇度淡薄的咖啡，那么倾向其中的哪种风味呢？跟着这些问题可以帮大家缩小咖啡选择范围，提高找到心仪口味的概率。

原产国不同，咖啡豆所具有的酸味也各不相同，有的平和、有的强烈。要注意的是，有一些咖啡店，会特意将风味偏酸的咖啡豆进行深烘焙。

花香
（淡薄 / 浓郁）

Floral

有花香，口感丰富

- 瑰夏
- 秘鲁
- 危地马拉
- 高地

柑橘
（淡薄 / 浓郁）

Citrus

柑橘类水果的清新爽朗

- 哥斯达黎加
- 哥伦比亚
- 巴拿马
- 尼加拉瓜

莓果
（淡薄 / 浓郁）

Berry

莓果般酸爽明快

- 日晒处理豆
- 厌氧处理豆
- 蜜处理豆
- 非洲豆

平衡
（淡薄 / 浓郁）

Balance

风味均衡，口感舒适

- 玻利维亚
- 危地马拉
- 洪都拉斯
- 萨尔瓦多

坚果
（淡薄 / 浓郁）

Nuts

坚果的芳香

- 巴西
- 秘鲁（深烘焙）
- 哥斯达黎加（深烘焙）

巧克力
（淡薄 / 浓郁）

Chocolate

黑巧克力的浓香和苦涩

- 印尼
- 危地马拉（深烘焙）
- 洪都拉斯（深烘焙）

非洲
（淡薄 / 浓郁）

Africa

口感丰富且独特

- 肯尼亚
- 埃塞俄比亚
- 布隆迪
- 卢旺达

--- Tips

通常情况下，我们一次只品尝一种咖啡，但在最初的探索阶段可多多尝试和挑战各种口味。通过比较，可以感受到不同种类间的差异，明确自己的偏好。品尝完后，用一句话总结一下这杯咖啡的特点。尝试用自己的语言描述自己的感受，能进一步加深对咖啡风味的理解。

045

Choose Your Favorite

选择自己喜欢的咖啡豆

不知道该如何选择时，
可以参考下表，
找出自己喜欢的咖啡豆。

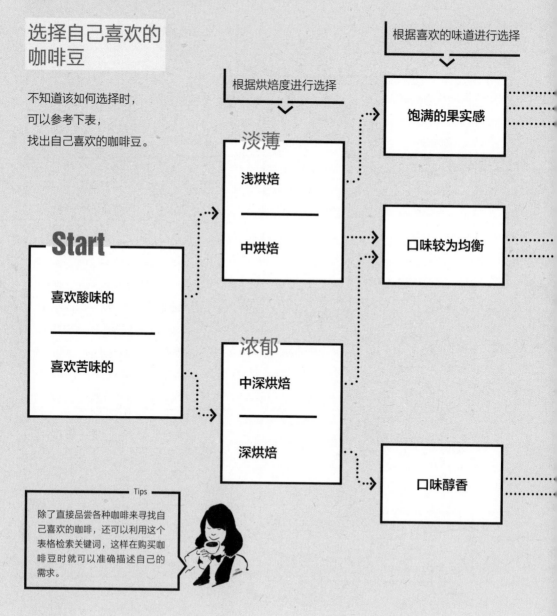

根据烘焙度进行选择

根据喜欢的味道进行选择

Start

喜欢酸味的

喜欢苦味的

淡薄

浅烘焙

中烘焙

浓郁

中深烘焙

深烘焙

饱满的果实感

口味较为均衡

口味醇香

Tips

除了直接品尝各种咖啡来寻找自己喜欢的咖啡，还可以利用这个表格检索关键词，这样在购买咖啡豆时就可以准确描述自己的需求。

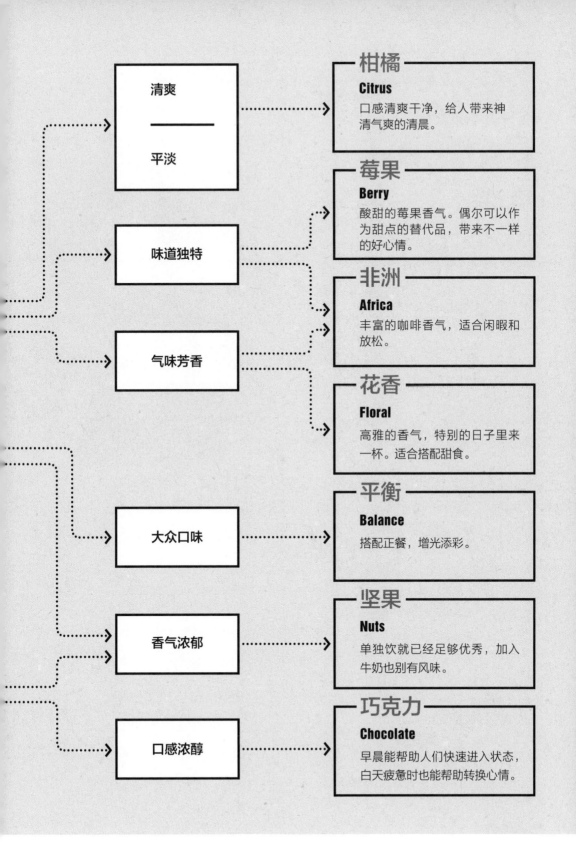

清爽
———
平淡

柑橘
Citrus
口感清爽干净，给人带来神清气爽的清晨。

味道独特

莓果
Berry
酸甜的莓果香气。偶尔可以作为甜点的替代品，带来不一样的好心情。

气味芳香

非洲
Africa
丰富的咖啡香气，适合闲暇和放松。

花香
Floral
高雅的香气，特别的日子里来一杯。适合搭配甜食。

大众口味

平衡
Balance
搭配正餐，增光添彩。

香气浓郁

坚果
Nuts
单独饮就已经足够优秀，加入牛奶也别有风味。

口感浓醇

巧克力
Chocolate
早晨能帮助人们快速进入状态，白天疲惫时也能帮助转换心情。

Communicating with Coffee

了解相关表达，
和咖啡来一场交流

如果能用语言准确描述自己对咖啡的喜好，
就离自己喜欢的味道更近了一步。
接下来，介绍如何描述咖啡的风味。

除了前面已经介绍过的 7 种基本风味，对咖啡的描述还有更为细致的表达。如果能够准确地对咖啡师说出喜欢的咖啡在味道、香气、给自己的印象等方面的特点，就能离自己想要的味道更近一步。

在葡萄酒界，有一套叫作品酒的感官评价方法，而在咖啡界，我们称之为"杯测"。在对精品咖啡进行品评时，有一项就是要分辨出被测试咖啡的风味特征，并对其进行评价，这就是"风味"。评委们为了能精准描述，可以将咖啡的香气和味道比喻成其他食物或饮品。

即使在味觉上能够感受到咖啡口感的微妙差别，但要用语言表达出来，还是很困难的。一开始，可以从"联想到坚果"或是"联想到水果"这两个选项开始，如第 49 页表所示。

二选一之后，就可以进入下一阶段。比如，感觉这杯咖啡接近水果的味道，那就可以进一步确认是柑橘类、浆果类、还是热带水果类，按照步骤一层层细致划分下去，就能帮助更准确地进行表述。平时在生活中应注意培养对各种食物香气的敏感性，这样就能更为轻松地分辨出咖啡的风味。

风味

联想到坚果

香料类
- ● 甜味香料
- ● 辛香料

坚果类
- ● 杏仁、腰果
- ● 榛果
- ● 花生

联想到甜味

红糖类
- ● 蜂蜜
- ● 焦糖
- ● 黑糖
- ● 枫糖浆
- ● 红糖
- ● 香草

巧克力类
- ● 黑巧克力
- ● 巧克力
- ● 牛奶巧克力
- ● 可可

联想到花果香

苹果类
- ● 苹果
- ● 青苹果

热带水果类
- ● 樱桃
- ● 百香果
- ● 菠萝
- ● 桃子
- ● 芒果
- ● 葡萄
- ● 洋梨

莓果类
- ● 覆盆子
- ● 蓝莓
- ● 黑莓
- ● 草莓

柑橘类
- ● 柠檬
- ● 西柚
- ● 橙子
- ● 青柠

花卉类
- ● 红茶
- ● 甘菊
- ● 玫瑰
- ● 茉莉、佛手柑

Coffee and Flavor

世界通用的 咖啡风味轮

无论是探寻喜爱的口味，
还是要描述一杯咖啡，
都需要先了解咖啡风味的种类。

Tips

例如，就算大概给水果类
分个类，也可以分为莓果
类、干果类和其他水果。
还有，黑莓和草莓虽然都
属于莓果类，但它们各自
的味道和香味是不一样的。

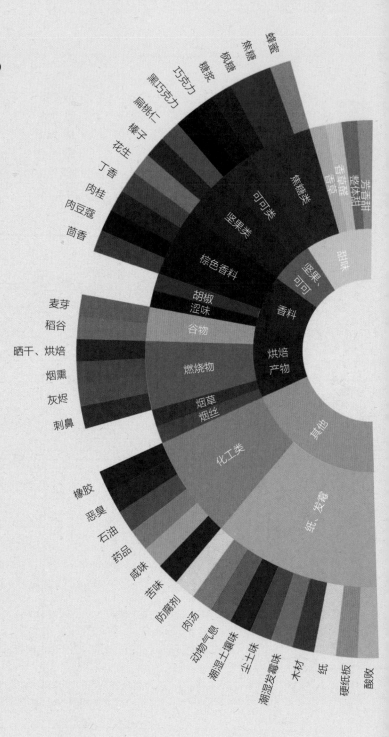

蜂蜜
焦糖
枫糖
糖浆
巧克力
黑巧克力
扁桃仁
榛子
花生
丁香
肉桂
肉豆蔻
茴香

整体甜
芳香甜
香草醛
香草
焦糖类
可可类
坚果类
坚果、可可
甜味
棕色香料
香料
胡椒
涩味
谷物
烘焙产物
燃烧物
烟草
烟丝
其他

麦芽
稻谷
晒干、烘焙
烟熏
灰烬
刺鼻

化工类

纸、发霉

橡胶
恶臭
石油
药品
咸味
苦味
防腐剂
肉汤
动物气息
潮湿土壤味
尘土味
潮湿发霉味
木材
纸
硬纸板
酸败

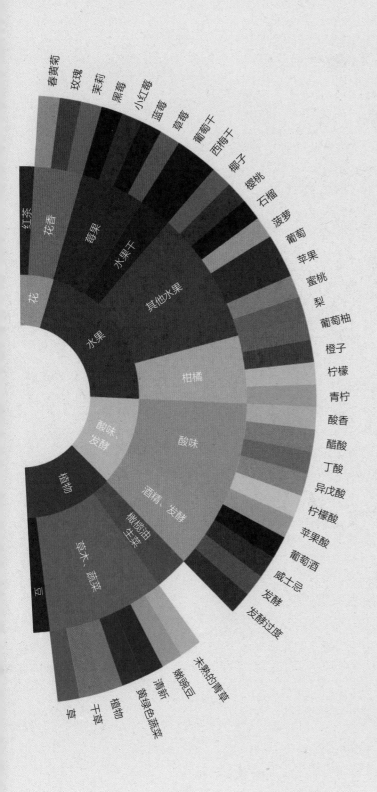

春黄菊
玫瑰
茉莉
黑莓
小红莓
蓝莓
草莓
葡萄干
西梅干
椰子
樱桃
石榴
菠萝
葡萄
苹果
蜜桃
梨
葡萄柚
橙子
柠檬
青柠
酸香
醋酸
丁酸
异戊酸
柠檬酸
苹果酸
葡萄酒
威士忌
发酵
发酵过度

红茶
花香
莓果
水果干
其他水果
花
水果
柑橘
酸味、发酵
酸味
酒精、发酵
植物
橄榄油
生菜
草木、蔬菜
豆
草
草土
嫩豌豆
清新
黄绿色蔬菜
植物
未熟的青草

正因为咖啡是一种全球都在享用的饮品，使用全球通用的语言来表达风味，显得尤为重要。为此，精品咖啡协会和世界咖啡研究会共同开发并公布了The Coffee Taster's Flavor Wheel（咖啡风味轮）。它可以为大家提供参考，帮助大家提高对风味的敏锐度。

Choosing Your Shop

购买咖啡豆时如何选择店铺

了解自己的偏好后，就该购买咖啡豆了。
下面介绍该去哪里和如何购买咖啡豆。

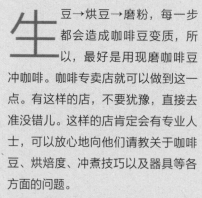

生豆→烘豆→磨粉，每一步都会造成咖啡豆变质，所以，最好是用现磨咖啡豆冲咖啡。咖啡专卖店就可以做到这一点。有这样的店，不要犹豫，直接去准没错儿。这样的店肯定会有专业人士，可以放心地向他们请教关于咖啡豆、烘焙度、冲煮技巧以及器具等各方面的问题。

另外，超市和百货商店往往品类丰富，可以在那里买到味道稳定的咖啡。有的店会营业到深夜，随时都能去购买，一饱口福。

如今，也有许多人选择网购咖啡。除了咖啡专卖店的官网，还有许多购物平台，可供选择的渠道多种多样。通过网购这种方式，能买到世界各地的咖啡，增加了品尝国外咖啡的机会。

挑选咖啡豆的要点

1 想要找到自己喜欢的味道，可以考虑先去专卖店购买。

2 买咖啡豆而不是研磨好的咖啡粉，更易于储存。

3 研磨好的咖啡粉容易变质，应适量购买并尽快饮用。

4 如果想尝试各种咖啡，推荐到超市购买或网购。

可以了解到有关咖啡的一切

咖啡专卖店里产品丰富，还有专业人士坐镇，可以帮助顾客找到自己喜欢的风味，有的店还能提供咖啡豆烘焙服务。此外，还有机会品尝到用不同的咖啡豆、不同的萃取方式做出的各类咖啡，获取咖啡生产者的相关信息等。咖啡专卖店会提供许多能够满足客人好奇心的体验活动，加深客人对咖啡的了解。客人可以随时毫无顾忌地与店员交流，请他们帮忙介绍各式咖啡。如果店里有浓缩咖啡机就更棒啦，一定要点那些不好在家操作的咖啡饮品尝尝，比如用专业咖啡机做的卡布奇诺之类的。

可以轻松买到丰富多样的咖啡

大型超市里的咖啡豆产品也越来越丰富。虽然在新鲜度上比不上专卖店，但也可以保证平均水平。种类丰富，任人挑选，价位涵盖范围广，对咖啡不甚了解的人也能放心购买。在欧美，超市直接从咖啡园购买咖啡豆，建立了一套完善的采购系统，能采买到一些"产地限定"的咖啡豆，让客人能以合适的价格买到精品咖啡豆。除此以外，当地也有精品咖啡专卖店，咖啡豆种类丰富。

可以获得来自世界各地的咖啡

除了专卖店的官网，在许多网购平台上也可以买到各知名品牌咖啡豆。产品的品控毋庸置疑，本土品牌自不必说，世界各地的咖啡都能轻松买到。网购时可以尝试订阅服务，买手会为顾客挑选来自不同国家的产品，定期配送，顾客只需在家坐等享用各种咖啡。这项服务很适合那些还在探寻自己喜欢的口味的人。当然，有时也会收到一些自己绝不会选购的品种，这样一来，倒也会帮助我们拓宽咖啡体验。

Viewing its Package

咖啡包装袋和海报会告诉我们什么

咖啡豆的包装袋和海报上有各种各样的信息，如果能够读懂它们，就可以知道这包咖啡的味道。

在选购咖啡豆时，为了准确买到自己喜欢的产品，首要工作就是了解咖啡豆的相关信息。在购买前最好查看一下产品说明、包装袋或瓶罐上的信息。

超市出售的粉状咖啡中最常见的是包装上写有"普通咖啡"字样的产品。它不同于速溶咖啡，需要将磨好的咖啡粉用热水萃取后饮用。所以它的原材料名写着咖啡豆的名字，并详细标注生豆原产国、烘焙方式及研磨度等信息。

精品咖啡的产品信息更为详细，产地、种植园、种植区域海拔，一应俱全。同时，波旁、铁皮卡之类的品种名称、生产处理方法等也一目了然。如果能够看懂这些信息，就能顺利购买到心仪的咖啡豆。

---

① 国家、地区、生产者
Producing area
介绍咖啡豆的生产国、地区及生产种植园。生豆的"可追溯性"是精品咖啡的重要元素，越是高品质的咖啡豆，生产信息的透明度也会越高。

⑥ 处理方式
Processing
加工处理方式的不同也会导致咖啡口味的差异。主要的处理方式包括日晒处理法、水洗处理法和蜜处理法（详见第42页）。

② 品种

Variety

咖啡豆品种多达数百种，几乎所有的精品咖啡都属于阿拉比卡种。每一个品种都有自己独特的口味。代表性品种包括铁皮卡、波旁、瑰夏、卡杜拉等（详见第31页）。

等级

Grade

如第24页已介绍的那样，咖啡豆根据产地的海拔、豆的大小、瑕疵豆的数量等被分级，表示品质的优劣。也影响到价格，商品名中也会明确标注。

③ 海拔

Elevation

高海拔地区往往昼夜温差大，生产的咖啡豆口感丰富。同纬度情况下，高海拔地区更容易出产高品质的咖啡豆。

④ 烘焙度

Roasting

烘焙度也是咖啡口味的决定性因素之一。可以通过烘焙程度来选择想要的咖啡：浅烘的咖啡口感更清爽，深烘的口味更浓醇，中烘则更为均衡。

⑤ 风味

Flavor

咖啡风味是对咖啡口味更为具体的描述和评论，大致分为"水果类""坚果类"，各个类别中还有更为细致的划分。

⑦ 烘焙日期

Roasting day

咖啡的风味也会受到贮存状态的影响，一般在烘焙后1~2周内饮用最佳。

| 海报 |

Pedro Rodríguez Bourbon Washed El Fuerte / Bolivia
Plum, Honey Lemon, Lychee.Long aftertaste. Juicy.

① 佩得罗·罗里格斯 波旁
水洗　埃尔富尔特

洋李、蜂蜜柠檬、荔枝的风味。后味长。

苦味 ●●
酸味 ●●●●●
② 醇厚度 ●●●
香味 ●●●● ⑥

地区：玻利维亚 圣克鲁斯 ①
种植园：埃尔富尔特
品种：波旁
海拔：1,328~1,526米 ③
生产处理：水洗

柑橘类 ⑤　100克　**1,080**日元（约合人民币60元）
④ 中烘焙 Medium Roast　200克　**2,160**日元（约合人民币120元）

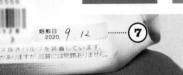

焙煎日 2020. 9. 12 ⑦

Chain Stores in Town

从街头的连锁咖啡店开始接触咖啡

许多人第一次接触咖啡都是在咖啡店。西雅图式咖啡店指以美国西雅图为中心发展起来的、以适中的价格提供高品质咖啡的咖啡店。下面一起来了解一下吧。

西雅图式咖啡馆于 1980 年前后发源于美国，之后迅速传播到世界各地。西雅图式咖啡店的代表——星巴克咖啡，在日本开设有 1550 多家店铺；另一家——TULLY'S 咖啡，也在日本有大约 630 家门店。两者都很受欢迎。

到 20 世纪 70 年代为止，美国一直处于一个大规模生产、大量消费的时代，用浅烘焙的咖啡豆做成的"美式咖啡"，在美式家庭餐馆等价格便宜的快餐店十分常见。到了 80 年代，美国西海岸开始流行用深烘焙的咖啡豆制作的滴滤式咖啡和浓缩咖啡。拿铁、卡布奇诺和玛奇朵等咖啡饮料也大受欢迎。包括星巴克在内的这类新兴咖啡店，就被称为"西雅图式咖啡店"。

进入 90 年代，人们更加看中咖啡的"味道"。咖啡豆的原产地、如何冲煮才能最大限度地发挥每一种咖啡的特性等，愈发受到关注。此时，西雅图式咖啡店及其他各系列的咖啡连锁店几乎遍布城市各个角落，这些咖啡店的开放氛围吸引源源不断的人群走进店里，许多人就这样和咖啡有了第一次亲密接触。它们能够提供各式咖啡，不管是初接触咖啡的人还是深度爱好者，都能乘兴而来、满意而归。

在咖啡连锁店，客人能够体验到各种口味的咖啡，先从大众口味入门，慢慢再接触更为地道的种类。正是这些连锁店让咖啡真正走进了人们的日常生活。

连锁店的优点

01 丰富的选择

这些咖啡店宽敞明亮，专业咖啡机能够为顾客提供卡布奇诺、拿铁及甜味饮品等，种类丰富。想去咖啡店却又不喜欢喝黑咖啡的人，也不必担心。

02 崭新的体验

可轻松享用当季咖啡，同一品牌下各种不同主题的店铺总能带来新的体验。

03 获取知识

有些咖啡店会举办"咖啡怎么做更美味"的小讲座，从中可以获得专业知识。

04 日常相关

连锁店遍布城市的大街小巷，价格合理，哪怕是不喜欢喝咖啡的人，也能品尝其他各类饮品。

05 提供建议

店员们会很乐意帮顾客找到想要的咖啡器具，推荐合适的咖啡豆。

Tips

咖啡连锁店遍布世界各地，出门在外也能享受统一标准的服务。如果对咖啡感兴趣，但不喜欢苦味咖啡，可以从连锁店提供的饮品开始，慢慢接触拿铁咖啡，最后再挑战黑咖啡。

你了解拿铁、玛奇朵和卡布奇诺的区别吗

MILK: 150~200
ESP: 30

MILK: 60
ESP: 30

MILK: 100~120
ESP: 30

拿铁（Caffé Latte）

在意大利语中，"café"意为"咖啡"，而"latte"指"牛奶"。拿一个大一点的咖啡杯，倒入30毫升的浓缩咖啡（ESP），再加入大量热牛奶（MILK），一杯拿铁就制作完成了。

玛奇朵（Macchiato）

"Macchiato"在意大利语中是"染色"的意思。制作方法是先在小咖啡杯中注入30毫升的浓缩咖啡，再倒入少量奶泡。

卡布奇诺（Cappuccino）

因其颜色与圣芳济教会（Capuchin）修道士的修道服颜色相似而得名。先在标准卡布奇诺咖啡杯中注入30毫升的浓缩咖啡，然后分别倒入热牛奶和奶泡，一杯卡布奇诺就做好了。

Taste Specialty Store

在专卖店进行
深度的咖啡体验

精心挑选出喜爱的咖啡豆，现磨、现冲，
会明显感受到这杯咖啡大不一样。
这样的感觉，值得去咖啡专卖店体验一番。

伴随着第三波咖啡浪潮的到来，"蓝瓶咖啡"、烘豆师备受瞩目，能品尝到精品咖啡的店也越来越多。有许多咖啡小店，长期以来坚持自己烘焙、手工萃取、用心冲煮。据说"蓝瓶咖啡"的创始人是在日本的咖啡店体验后受到启发，创立了自己的咖啡品牌。日本原本就具有"静下心来品一杯咖啡"的文化。如今，咖啡专卖店遍布大街小巷，在专卖店里你能获得怎样的咖啡体验呢？

一般而言，订购的咖啡生豆到店后，咖啡店会自己用心烘焙，再由咖啡师等工作人员精心萃取。很多客人面对一字排开的咖啡名称，选择困难、犹豫不决。其实这时候只要稍作示意，店员就会提供一小口试饮，还会详细介绍咖啡豆的特征、产地、风味等。你只需根据当时的心情点上一杯，慢慢品尝。如果这家店还提供甜品就更完美了。当然，也可以选择购买喜欢的咖啡豆，有的店会按照客人的喜好帮忙烘焙咖啡豆，不妨直接对店家说出自己的需求。

还有一些专卖店只卖咖啡豆、不卖咖啡。这种店通常会注重和顾客交流，也会提供一些试饮的咖啡，在这里多问、多尝，准能买到心仪的美味咖啡。

1 乐于给人建议

即使顾客提出了一些非常基础的问题，店员们也会耐心回答；他们还会乐于帮助顾客找到自己的偏好。这样的店值得信赖。

2 提供试饮机会

即使是来自同一产地的咖啡豆，若具体种植区域和烘焙度不同，香气和味道也会大相径庭。还是需要在能提供试饮机会的咖啡店亲口尝尝。

3 仔细介绍咖啡豆相关信息

咖啡种植园、品种、产地等，都是帮助了解咖啡豆味道的重要信息。一定要听店家介绍。

4 烘焙日期公开透明

咖啡饮用的最佳时间是咖啡豆烘焙后的1~2周。最好选择能明确告知咖啡豆烘焙日期的店铺。

咖啡师是怎样的职业

咖啡师到底是指什么样的人呢？咖啡师（Barista）来源于意大利语，它原本的意思是"在吧台（bar）提供服务的人"。如今它指的是站在柜台后为顾客现场制作浓缩咖啡等咖啡的专业人士。他们会使用多种方式萃取咖啡，此外还要负责选豆、把握烘焙度，不断调整研磨方法、萃取方法和所使用的器具等，有时也需要亲自指导烘焙过程。

每年"世界咖啡师大赛"都有50多个国家的咖啡师冠军同台竞技。2014年，日本丸山咖啡的咖啡师井崎英典摘得桂冠，这是亚洲人首次在此大赛上夺冠。2017年，本书的监修者铃木树女士在"世界咖啡师大赛"上获得亚军。

Amazing Coffee Experience

到丸山咖啡店
喝一杯咖啡

亲口品尝是了解精品咖啡的最好方式。
在丸山咖啡店点上一杯精心制作的咖啡，
静心品味。
你不想去试试吗？

自 1991 年在轻井泽（位于日本长野县东南部）成立以来，丸山咖啡一直被认为是日本精品咖啡的先驱者。丸山咖啡的老板会亲自飞往咖啡豆产区订购咖啡豆，然后对咖啡豆精心烘焙，以得到一杯上乘的咖啡。丸山咖啡除了在轻井泽的总店外，在东京都内也有好几家分店。店里保证随时都供应 20 种以上的咖啡豆，是享用精品咖啡的不二选择。在丸山咖啡买咖啡豆自不必说，静下心来在店里享受一杯咖啡也是不错的体验。

01

挑选咖啡从生产者着手

单品咖啡是由单一产地、特定的生产者出品的咖啡豆制作而成，一般会冠以生产者的姓名。这种咖啡会提供生产者的详细信息，每一位生产者都拥有自己引以为豪的、独一无二的咖啡。大家可以通过确定生产者的方式来购买咖啡。

你可以在光线充足的咖啡店内放松地享受咖啡。

02

从说明中寻找自己可能喜欢的味道

每一款咖啡后面都标明了生产者的名字、生产种植园、咖啡豆品种、风味特征、烘焙度等信息。比如我们常常看到写着"樱桃和香草风味""苦焦糖风味"等。根据自己的喜好来选择吧。

03

是直接喝还是加入牛奶

想感受这杯咖啡原本的味道，那最好什么都不加，直接饮用。有的咖啡就算加入牛奶或砂糖也依然掩盖不住自身的个性特点，甚至更能衬托出这款咖啡味道上的不同。可以让店员推荐适当的饮用方式。

04

试饮是不可或缺的环节

在选购咖啡豆时，如果一时难以做出决定，可以先试饮一下。通过品尝法压壶充分冲煮出的不同的咖啡，选择自己喜欢的味道。有不懂的地方可随时向店员请教。

05

免费研磨咖啡豆

可以直接购买咖啡豆带回家，也可以利用店里提供的免费研磨服务。如果家里有磨豆机（用来研磨豆子的工具或其他磨粉机），可以直接购买烘焙好的咖啡豆。如果没有的话，还是请店员帮忙研磨吧。

Tips

咖啡的味道很难把握，收获期影响味道自不必说，有时两块紧挨着的地出产的咖啡豆在味道上可能都差异很大。正因如此，才要细致介绍生产者、种植园和种植地区的情况，告诉大家："这款咖啡之所以美味，是因为它是由这个人种植培育的。"这就是最新的咖啡挑选方式：通过选择生产者来选定咖啡。

Convenient
Coffee
Items

忙乱的早上、户外活动的时候，这些便捷
产品也是不错的选择。

最近，它们的味道也越来越有保障，来上
一杯，十分满足！

我们经常会在某一些时候，希望能尽快喝上咖啡。比如匆忙的清晨或者赶时间的情况下。再加之，在家手冲咖啡时，经常会因发挥不稳定影响咖啡的味道。精挑细选买回来的咖啡豆，又花费一番心思精心制作，如果咖啡味道差强人意的话，就会影响心情。

以上情况也不难解决。近年来，市面上出现了1杯量的萃取型挂耳咖啡、浸泡式咖啡包以及高品质的液体咖啡等新型产品，简单方便，味道也能达到市面上咖啡的平均水平。这些产品至少可制作一人份咖啡，带到户外也十分方便，可根据实际情况，灵活选择。

如今，以高品质咖啡豆为原料的速溶咖啡也崭露头角。以前的速溶咖啡都是用劣质、批量生产的廉价咖啡豆制成的。但是，近年来出现了用高品质咖啡豆制作美味速溶咖啡的新潮流。虽说这种速溶咖啡的价格也会相应提高，但是能享用到美味也是物有所值。

浸泡式袋装咖啡

Coffee bag

这种咖啡可以理解为红茶茶包的咖啡版，也就是简易版的浸泡式咖啡。其制作方法如下：首先，将咖啡包放入杯中，注入少量沸水浸湿咖啡包，闷30秒左右。然后继续加入充足的热水，浸泡4分钟。最后上下提拉咖啡袋约10次左右，待袋中咖啡液差不多滴完了，一杯咖啡就制作好了。

1杯量挂耳咖啡

Drip coffee

挂耳包中装有1杯量的咖啡粉。把挂耳滤包在杯沿上固定好，将少量沸水均匀注入挂耳包，直到咖啡粉全部被浸湿，然后闷20秒左右。接下来，再分2~3次缓慢注入适量沸水。只要保证倒入的沸水适度，就能冲出一杯美味的咖啡。

液体咖啡

Liquid coffee

咖啡专卖店售卖的液体咖啡是以阿拉比卡种咖啡豆为原料、精心冲煮后直接罐装而成的，不管会不会冲咖啡都能随时享用高品质的味道。充分冷藏后直接饮用，风味更佳。也可以随自己的喜好加入牛奶或糖。

Way to Information

如何掌握咖啡的相关信息

有关咖啡的信息更新也很快，经常去门店逛逛、频繁浏览相关网站都是搜集信息的好办法。有什么不明白的地方，要积极主动地向专业人士请教。

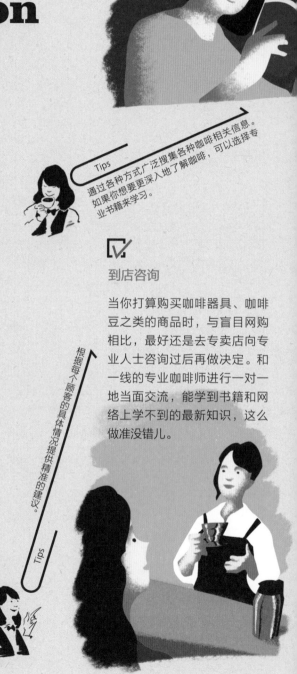

Tips 通过各种方式广泛搜集各种咖啡相关信息。如果你想要更深入地了解咖啡，可以选择专业书籍来学习。

迷恋上咖啡后，将不再满足于仅仅了解它的基本信息了。想掌握咖啡最新流行趋势、想更进一步提升自己的咖啡技能等，迫切想了解更多的具体信息。这种情况下，建议直接去咨询咖啡专卖店老板或者咖啡师，因为他们对这类信息最为敏感。此外，还可以参考有名的咖啡生产公司和咖啡专卖店的官网，这些网站更新很快，紧跟潮流。

各种网络平台上有大量针对不同层次受众的视频资源，通过各种方式介绍咖啡的相关信息。视频能够提供细致入微的解说，这一点非常实用。

到店咨询

当你打算购买咖啡器具、咖啡豆之类的商品时，与盲目网购相比，最好还是去专卖店向专业人士咨询过后再做决定。和一线的专业咖啡师进行一对一地当面交流，能学到书籍和网络上学不到的最新知识，这么做准没错儿。

Tips 根据每个顾客的具体情况提供精准的建议。

☑ 阅读书籍

书籍是很好的小帮手，它既会告诉你有关咖啡的基本信息，也能让你学到如何准备器具、如何挑选咖啡豆等基础知识。你可以从相关书籍或杂志开始，反复阅读学习，在重要的页面贴标签、做记号。

Tips　那些内容充实、让人兴致勃勃的或者符合自己节奏的视频，都是不错的选择。

☑ 浏览网站

如今，很多著名的咖啡生产公司、咖啡专卖店或是独立咖啡馆都很重视官方主页的运营，你可以在这些主页上轻松获取各种信息。很多人也乐于参加线上研讨会。还有一些网站会开设面向不同水平学习者的学习课程，不妨关注和留意一下。

Tips　近年来，线上研讨会和其他能够学习基础知识的课程多种多样，任君挑选。

观看视频

买好了咖啡豆，操作步骤也谙熟于心，但还是想看看专业人士实际是如何冲煮的。这种情况下，网络平台就是一个不错的选择。平台上有非常多与咖啡相关的视频可学习参考。磨豆机之类的设备价格昂贵，所以最好先看看网上的测评视频再慎重选购。

Knowing Cupping Methods

咖啡豆
Coffee Beans
准备11克咖啡豆，对其进行中度到中细度研磨。

掌握杯测方法，让喝咖啡变得更加有趣

当你掌握了咖啡品评会上经常使用的杯测方法后，就能接触到更深层次的味道。这也是探索自己喜好的好机会。

我们在第48页介绍了"杯测"，这是用来测评咖啡味道的方法。它是判定咖啡品质的重要环节。咖啡豆在从生产国出口之前一定会进行杯测，另外，进口国的批发商、烘焙师、销售商等，在许多环节都要对咖啡进行杯测，这是评定咖啡等级不可或缺的步骤。特别是在精品咖啡出现以后，不仅是专业人士，一般消费者出于爱好也会进行杯测品评，这也是了解自己喜好的一种方式。

品评会上进行的杯测通常有较为细致严格的标准，但如果只是作为个人爱好的话，掌握基本的几点就可以了。记住必备工具和大致步骤，试着来一次杯测吧。有些咖啡店会举办面向大众的免费杯测活动，有机会去体验一下也不错。

在对两种以上的咖啡豆进行杯测时，咖啡豆的重量、热水的用量及温度等都要保证一致。此外，一定要把自己的评价和感受记录在笔记本上，这是找到自己喜爱的咖啡豆的关键。

杯测碗
Cupping Bowl

推荐使用白色的碗，需要对比测评两种咖啡豆时，就要准备两个相同的杯测碗。

沸水
Hot Water

用保温壶准备190~200毫升的沸水。

涮勺杯
Rinse Cup

杯中倒入清水，用来清洗杯测勺。

杯测勺
Spoon

用于搅拌和啜吸。推荐使用圆头勺。

计时器
Timer

计量4分钟的萃取时间。也可以用手机里的计时器代替。

电子秤
Scale

用于测量咖啡豆的重量。选用可以精确称出0.1克的电子秤。

杯测步骤

1 闻干香

将咖啡豆进行中度至中细度研磨，把研磨好的咖啡粉倒入杯中，轻嗅咖啡的香气。

2 注水

注入热水，浸泡咖啡粉，直至形成一层浮渣。再次闻香气。

3 闻湿香

4分钟后，用杯测勺搅拌3~4下，闻湿香。

4 啜吸

撇去咖啡表面的浮沫或浮渣，用勺子舀少量咖啡液进行啜吸，品尝味道。

Taste by Visual

视觉效果让美味升级

不知道你是否留意过，在店里喝咖啡时，咖啡一般是装在白色的杯子里端上来的。有时也会装在其他颜色的杯子里，通过视觉效果达到增加其风味的目的。

咖啡店之所以多用白色咖啡杯，是为了让客人能分辨出因咖啡豆烘焙程度的不同造成的咖啡颜色之间的细微差别。烘焙时间长，咖啡呈黑色；反之则呈现红亮的茶色。

这细微的差别，只有白色的咖啡杯最让人一目了然。若选用深色杯子来装，客人很难感受到这细微的差别，甚至会妨碍他们品味咖啡。

不过，使用白色以外的其他颜色的杯子装咖啡，有时倒也能迷惑味觉，为咖啡增添风味。研究表明，视觉会给人体其他感官造成巨大的影响。曾有这么一个试验：给被试验者饮用加入了红色色素的白葡萄酒，大部分人都说喝的是红葡萄酒。这个试验正是说明视觉迷惑了味觉。如果我们能恰当运用这一特性，将会打开人类味觉世界的一扇又一扇新大门。

比如，用橙色杯子来饮用柑橘类等酸味较强的咖啡时，人们能更强烈地感觉到酸味。这时，视觉和味觉融为一体，共同引导人们品味杯中咖啡的魅力。有些店使用插画来说明咖啡的风味，也是基于上述视觉功效。

味觉是很难用语言描述的一种主观体验。可以把"使用不同颜色的杯子来装不同风味的咖啡"理解为是以"视觉引导味觉"，从而达到打开人们味觉世界新大门目的的一种方法。

视觉引导味觉

烘焙程度一目了然

用两个白色的咖啡杯，分别装入烘焙程度不同的咖啡，可以帮助人们品尝出味道上的细微区别。若想欣赏咖啡原本的颜色，或者想试试新买的咖啡，一定要选择白色的咖啡杯。

更好地凸显酸味

用橙色杯子冲酸涩的、口感清爽的咖啡，视觉与味觉相得益彰，更能凸显其酸味。还可根据咖啡的酸度来调整橙色杯子颜色的深浅。

用图案唤起味觉

在咖啡店，有时会看到咖啡名称后面画着巧克力、樱桃、桃子等图案，这样能更形象地将此款咖啡的特点传达给客人。用带有图案的杯子来装相应风味的咖啡，能让客人在深感可口的同时又赏心悦目。

Enjoy your Decaffeinated Coffee

什么是想喝就喝的"脱咖啡因咖啡"

如今，饮用脱咖啡因咖啡的人越来越多了，因为它不受身体状况和饮用时间的限制。脱咖啡因咖啡的处理方法在不停升级换代，味道也更为优越。

去除咖啡因的咖啡便是"脱咖啡因咖啡"。去除咖啡因这一操作在生豆阶段完成。过去大多用有机溶剂法去除咖啡因，近年来，使用水来脱咖啡因的"瑞士水处理法（The Swiss Water Process）"、用超临界二氧化碳和水来去除咖啡因的"超临界二氧化碳处理法"逐渐推广开来。

去除了咖啡因的咖啡生豆进行烘焙后，得到的就是脱咖啡因咖啡。去除咖啡因后的咖啡豆，香味也大都散去，味道无法保证，长期以来颇受诟病。但是近年来问世的最新萃取方法可以保留香气和风味，让咖啡爱好者能安心享受咖啡的美妙。

1　浸泡

将生豆投入热水中浸泡。慢慢地，热水会去除咖啡生豆内所有的风味因子，包括咖啡因在内。

1　加压

将浸泡在水中的咖啡豆加压、加热，注入超临界状态的二氧化碳。

（超临界状态：物质的气态和液态平衡共存时的一个边缘状态。达到这种状态的二氧化碳更容易渗透到咖啡豆内部，可以高效抽出咖啡因。）

加压·加热　　　二氧化碳

瑞士水处理法（The Swiss Water Process）

2 去除咖啡因

将含有所有风味因子的热水经活性炭过滤器过滤，除掉咖啡因。

3 干燥

将过滤后的水倒回装有咖啡生豆的容器里。浸泡8～10小时。重复前述过程，直到咖啡豆所含咖啡因99.9%被去除为止。最后，将脱咖啡因咖啡豆烘干保存。

超临界二氧化碳处理法

2 收取咖啡因

减小压力使二氧化碳变回气体状态，收取分离出来的咖啡因。

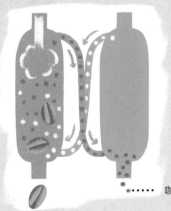

咖啡因

3 干燥

将处理后的生豆烘干保存。

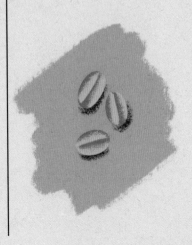

咖啡是否真的有益身体健康

近年来，有许多研究称咖啡中所含成分能够预防各种疾病。那么，到底是什么成分对我们的身体有益呢？

咖啡所含成分中最有名的当数咖啡因。它能刺激中枢神经，具有提高大脑活力、缓解疲劳、促进胃液分泌的功效。在学习或工作间隙，喝上一杯咖啡，还真是不错的选择。

除了咖啡因，最近备受瞩目的是咖啡中的另一种物质——绿原酸，它是多酚的一种。研究发现它有提高胰腺细胞功能、预防2型糖尿病的作用。

此外，研究表明绿原酸还具有消炎抗菌、抗氧化、预防肝癌和宫颈癌等功效。

对于咖啡爱好者来说，咖啡的以上功效得以验证，是好消息。不过，过度饮用咖啡，在咖啡因的作用下会导致失眠、胃酸过多、皮肤长痘等问题。

谨记享用美味咖啡要适度适量。一日最多3～5杯。

本书第70页介绍了零咖啡因的脱咖啡因咖啡。即使是脱咖啡因咖啡也不宜无节制饮用，因为绿原酸摄入过多会引起低血糖，大家一定要注意。

要掌握的几点

自己冲煮咖啡之前需

3

Chapter

Several Ways to Drip

三大冲煮方法
的原理

将咖啡成分充分释放在热水或者冷水里称
为"冲煮"。

掌握正确冲煮方法，享有醇正浓郁咖啡。

冲煮咖啡大致有三种方式：
滴滤式、浸泡式、加压式。
滴滤式是指将热水均匀浇
在咖啡粉上，经滤纸将咖啡粉的成分
滤到下方杯中，得到一杯咖啡。滤纸
的种类、咖啡豆用量、热水的注入方
式、萃取时间都可任冲煮者自由发挥，
对冲煮者手艺要求较高。浸泡式是指
将咖啡粉与热水充分混合后静置来制
作咖啡，简单易操作，味道也有保证。
因咖啡粉需充分浸泡，萃取时间较长，
一般在 4 分钟以上。加压式是指利用
加温、加压的水，在 20 ~ 30 秒内
对咖啡粉进行萃取，可用于制作浓缩
咖啡。

滤纸滴滤
滴滤式 ·····················

法式滤压
浸泡式 ·····················

加压浓缩
加压式 ·····················

平衡度

醇厚

便利

不同的滤杯 别样的风味

滴滤式的代表方法是滤纸滴滤，方便易操作、价格亲民，咖啡爱好者应该都不陌生。

咖啡滤杯大致分为梯形和锥形两种。前者的典型代表为：梅丽塔式、卡丽塔式，后者的代表有：哈里欧式、河野式等。

除了外形上的差异，随着滤杯滤孔大小和数量、内侧的凹凸形状的不同，萃取出的咖啡味道也各有特点。使用这种方式萃取咖啡，对冲煮者来说可发挥的空间较大、技术要求也较高。我们将在第 78 页对滤杯进行详细介绍。

平衡度

醇厚

便利

一杯醇厚咖啡 你也可以做到

浸泡式萃取方法诞生于意大利，随后在法国流行开来，逐渐被人们称为法式滤压法。随着精品咖啡的流行，越来越多的人喜欢使用法式滤压法来品味咖啡原本的味道。

法式滤压法操作起来十分简单，只需将咖啡粉倒入壶中，加入沸水，

充分萃取后均匀缓慢地下压压杆即可。滤纸滴漏时，滤杯上会附着一些咖啡油脂，而法式滤压完全没有这个担心，它会将咖啡油脂充分萃取到咖啡液体中，香味浓郁。并且，这种方法萃取出的咖啡，味道稳定。

平衡度

醇厚

便利

利用高压快速得到一杯浓香咖啡

加压式萃取的原理，和滴滤式是一样的。只不过要在过滤器中装满咖啡粉，再用高压快速萃取。

加压式萃取使用研磨得极细的咖啡粉，20 克的咖啡粉只能得到 60 毫升咖啡，味道十分浓厚。不过，高品质咖啡豆和适当的萃取方式，

带给咖啡的就不只是苦味，还会让人品尝到它的回甘与酸味。

如今市面上有各种各样的家庭用意式蒸汽（加压萃取）咖啡机，它做出的咖啡浓度高，可以进行各种搭配，比如加入牛奶就能品尝到拿铁咖啡的风味。

Coffee Equipments

浸泡式和 加压式工具

浸泡式的魅力在于能完整保留咖啡原本的味道。如果你喜欢浓缩咖啡,加压式的滴注式咖啡壶是不错的选择。

1

4

Tips

法压壶、摩卡壶有多种规格。虽然说大规格可以替代小规格,但是若想更稳定地浸泡出可口的咖啡,还是建议购买与平时最常需要咖啡杯数相应的规格。

对于刚接触咖啡的人来说,法式滤压的操作最为简单。只需将热水直接倒在咖啡粉上,萃取成分即可。只要严格把握比例,谁都能做出美味的咖啡。这种萃取方式并不需要咖啡滤纸,所以咖啡油脂也不会附着在滤纸上,而是全部都保留在咖啡中,香味十分浓郁。浸泡时间过长会产生苦涩的口感,所以严格控制时间也十分重要。

加压式冲煮的典型代表是浓缩咖啡机,它通过给热水瞬即加压来萃取咖啡。这种咖啡机压力强劲,所以赋予咖啡显著的苦味和醇厚口感。并且,使用高品质的咖啡豆再加上适当的萃取方式,还能让人感受到咖啡的回甘和酸味。家中没有意式咖啡机,可以用滴注式咖啡壶(也叫摩卡壶)来代替,同样能便捷制作一杯浓缩咖啡。将壶架在明火上,大约加2个大气压,就能得到一杯正宗的咖啡,这是意大利自制咖啡的风味。"爱乐压"咖啡壶是集法式滤压和意式加压萃取的功能为一体的咖啡冲煮器具,它能制作出味道不同的咖啡。

| 浸泡式 | 加压式 |

1 虹吸壶
Siphon

下壶中的水加热沸腾后，气压增大，自动流向上壶，水与装在上下两壶中的咖啡粉接触。然后，将热源从下壶的下方移开，温度下降，气压也随之下降。咖啡液又从上壶流回下壶，咖啡萃取完成。高温快速萃取赋予咖啡丰富的风味。

2 法压壶
French Press

法压壶由两个部分组成：壶身、带有金属过滤器的压杆。不论容量是0.35升还是1升，萃取时间都为4分钟。它最大的优势在于无论谁用它冲煮，味道都很稳定。

3 爱乐压壶
Aeropress

将咖啡粉倒入热水中，然后像使用注射器一样按爱乐压壶的顶部加压萃取。它集浸泡式和加压式的功能为一身。目前也十分流行将爱乐压壶倒放，使用"反压冲煮方式"来萃取。

4 摩卡壶
Macchinetta

下壶中的水沸腾后，在蒸汽压力下不断上升。沸水穿过粉槽内的咖啡粉后持续上升，慢慢通过上壶内金属管顶端的口喷出来，流进上壶。虽说与特浓咖啡的口感还有差距，但也能让人感受到普通浓缩咖啡的美味。

5 意式咖啡机
Espresso Machine

将咖啡粉填满过滤器后，通过加压让热水渗过咖啡粉，迅速萃取1~2杯浓郁的咖啡。在萃取比较成功的情况下，咖啡表面会产生致密泡沫，它是咖啡油脂，一般称为"克蕾玛（crema）"。

Coffee Equipments ②

咖啡滤杯

让我们一起来看看在家冲煮咖啡需要哪些工具吧！大家对滤纸滴漏都不陌生，但实际上，这种萃取方式也细分为许多种类。

滤纸滴漏冲煮法属于滴滤式，这种方法操作简单、价格合理。各大咖啡器具生产公司不断推出各种咖啡滤杯，表面上大同小异实则各有千秋。注入热水的速度和过滤咖啡液的方式不同，会赋予咖啡味道不同的特征。

热水在咖啡滤杯中停留的时间越长，咖啡的味道越浓。相反，则越清淡。在深谙滤杯形状对咖啡风味的影响后再选择滤杯，就能冲煮出自己喜欢的咖啡味道。

锥形滤杯

卡丽塔蛋糕滤杯（蛋糕式滤纸）

日本产的卡丽塔滤杯底部是平的，有3个孔，呈三角形分布。搭配使用周围一圈为波纹状的专用滤纸。底部的形状让咖啡粉与热水可以充分接触，能获得一杯味道平衡的咖啡。

凯梅克斯滤杯（CHEMEX）

这是一款美国产的、与壶身一体化的时尚咖啡滤杯，滤杯整体都没有波纹，热水通过得较慢。它的特点是可以根据自己的喜好做出调整，如改变专用滤纸的折叠方式、搭配上金属圆锥形滤杯等，都可以尝试。

好璃奥V60滤杯

这款滤杯内壁为螺旋纹设计，底部有一个较大的单孔，可以根据热水注入速度来调整味道：较快注入，咖啡味道淡薄；慢慢注入，就能得到一杯浓郁的咖啡。

河野滤杯

日本河野滤杯的纹路
在杯体下方，呈直线
型。与好璃奥相比，
热水漏得更慢，醇度
也相应更为厚重。

梅丽塔单孔滤杯

滤杯底座有较小的单
孔，内壁带竖纹，液
体渗过的速度较慢。
滤杯的形状能较好控
制热水的流速，保证
咖啡味道的稳定性。
热水和咖啡粉可以充
分接触，因此咖啡味
道也较为浓厚。

折纸（蛋糕）滤杯

这款日本产滤杯内壁
有20条纹路，因此
滤杯和滤纸之间有足
够的空间，咖啡液从
下方的单孔流出。可
搭配尖底锥形滤纸及
波浪式滤纸。

卡丽塔3孔滤杯

梯形滤杯底座有3个
并列的孔，过滤速度
较慢，因此咖啡味道
也较为浓厚。

Tips

滤杯产品琳琅满目，每一种都有
自己的特色。例如：卡丽塔蛋糕
滤杯不受倒入热水的速度和方式
的影响，味道十分稳定；使用好
璃奥V60滤杯萃取，可自由发挥
的空间较大。在选择滤杯时可以
想想：我是想每次都喝到味道稳
定的咖啡呢还是要制作出属于自
己的独特味道？然后根据自己的
需求选择合适的滤杯。

Filter
And
Server

滤纸和咖啡壶

选好滤杯之后就要搭配滤纸。市面上的滤纸多得令人眼花缭乱，最好是选择与滤杯配套的专用滤纸。

滤杯的形状大致分为扇形和V形。建议选择与滤杯同一品牌的漂白型滤纸。因为这些滤纸的厚度和工艺是配合滤杯的萃取原理制作的，其他品牌的滤纸即使外形看起来很接近，其实也有一些细微的区别。所以建议在购买滤杯的时候一起选购滤纸。

一次要制作好几杯咖啡时，最好也提前准备好盛咖啡的器具。推荐有刻度的玻璃咖啡壶，可以清楚地显示萃取量。

滤纸种类

V形滤纸

这种滤纸一展开就呈圆锥形，需要沿侧面压痕折叠后放置在滤杯里。

如何选择咖啡壶

蛋糕滤纸

滤纸侧面有许多波状纹路。注入热水时，滤纸与滤杯内壁空隙较大，做出的咖啡味道稳定。

扇形滤纸

打开这款滤纸会发现，它的底部是呈直线的。需比照滤杯深浅，沿底部折痕和侧面折痕折叠后，放入滤杯中使用。

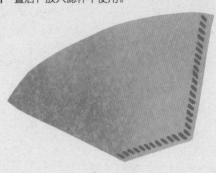

1 | ### 形状

不同品牌生产出的滤杯也是各不相同，滤杯和咖啡壶最好使用同一个品牌的。正规厂商一般选择玻璃材质。咖啡壶的尺寸要根据滤杯来选择。

2 | ### 大小

选择使用哪个咖啡壶取决于冲煮咖啡的杯数。如果萃取的咖啡较少，装在一个大容量的咖啡壶中，难以保温，咖啡的风味也会受到影响。冲煮一人份的咖啡时，直接将滤杯架在马克杯上萃取就OK了。

品质管理

滤纸的保存方法

滤纸是用纸质纤维做成的，很容易吸附味道。如果将滤纸放置在食品附近，它就会沾上食物的味道。再用这样的滤纸萃取咖啡，咖啡也难免沾上奇奇怪怪的味道。滤纸最好密封保存，避免接触到外部空气。

Drip Kettle And Scale

手冲壶和电子咖啡秤

手冲咖啡必不可少的两个工具是手冲壶和电子咖啡秤。其中，手冲壶尤为重要，因为通过它可以把控注入热水这一环节。

手冲咖啡时，把控好注入热水的环节显得尤为重要。将热水淋在咖啡粉上时，水柱的粗细、水量的多少、热水落下的位置等，如果能精准掌控，咖啡成分就能完美萃取出来。普通的水壶注水口不是太短就是太大，很难把握。特别是一开始，需要在咖啡粉上慢慢注入很细的水柱，注水口细长的手冲壶更为便利。

咖啡美味的关键在于精确称量咖啡豆、咖啡粉、热水的用量及准确计算萃取时间。一台既能计算时间又能称重的电子咖啡秤能解决以上所有问题。

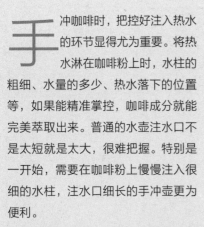

如何选择电子秤和计时器

电子秤

手冲咖啡时，使用能精确到0.1克的、能计时的电子秤，可以帮助大家严格按照剂量和时间制作，这样一来咖啡的味道也更有保证。

1 材质

手冲壶因材质不同，功能也各不相同：不易生锈的不锈钢壶、保温性强的珐琅壶、导热快的铜壶等，可按自己的喜好挑选。

2 功能性

仔细确认手冲壶是可以在明火上使用还是对应电磁炉。还有一些电手冲壶，水烧开后可以一直保持设定的温度，十分便利。

3 大小

根据要制作的咖啡的量来选择手冲壶的大小。选择壶中加水后也能轻易拿起来的。现在也有制作一人份咖啡用的小型轻便手冲壶，这种壶烧水很快，也易于收纳。

还有这样的手冲壶哦

轻盈树脂手冲壶

透明树脂材质制成的带有刻度的轻盈鹰嘴手冲壶也值得推荐。把沸水倒入其中，接下来只需通过壶身的刻度来判断萃取咖啡该注入的水量。壶身轻巧，适合女性使用。

电子秤 + 计时器

萃取咖啡前的准备工作中，也可以用厨房电子秤、厨房计时器。也可以选择用手机计时。厨房电子秤要选择台面较大的，方便放置咖啡壶。

Tips

如果没有手冲壶，也可用耐热性强的量杯、茶壶等来代替。出门在外，想喝咖啡时，也可使用一次性纸杯来注入热水。可将杯口折叠一下，以便于掌控，这样做出的咖啡味道不容易出错。

083

Best Ways to Scale

正确称量
咖啡的方法

精确称量咖啡粉用量，让手冲咖啡的味道更加卓越。虽然咖啡粉量勺也使用得较为广泛，但我认为最好还是选择电子秤。

从本书第 4 部分开始，终于要给大家介绍具体的咖啡萃取方法了。本书中对用量的表述是——"咖啡粉量 12 克"，也就是要具体到"克"。这种情况下，关键点在于咖啡不能用量勺来测量，而应该用电子秤。

一粒咖啡豆因烘焙程度不同其重量也会不同（烘焙度深时咖啡豆中含水量降低），因此，用量勺舀起两勺同样体积的咖啡豆，因烘焙程度的不同，这两勺咖啡豆的重量也会不同。即使咖啡量勺上标识着 10 克，实际重量可能只有 9 克。所以很难按照定量来萃取咖啡。

咖啡豆（粉）最好使用在第 82 页提到过的、咖啡专用电子秤或者厨房电子秤精确称重后，再进行萃取。这样才能制作出一杯还原度较高的咖啡。

认真计量咖啡豆、咖啡粉、热水和时间，是制作一杯美味咖啡的关键要素。咖啡专用电子秤能同时显示出重量和时间，一举两得，非常方便。

1 | 准备工具
将咖啡壶、滤杯、过滤器具装好后放在电子秤上。

1

2 | 将电子秤归零

打开电子秤电源，将数据归零。

3 | 称咖啡粉

将咖啡粉倒入过滤器中，开始称重。参考显示屏数值倒入精确用量。

4 | 萃取咖啡

电子秤也便于控制热水注入量。通过电子秤把握注入热水的用量，以得到一杯味道稳定的咖啡。

※水：1毫升=1克

---- Tips ----

萃取咖啡时，如何计量呢？我想有很多人都在使用咖啡附带的量勺。但实际上，量勺的品牌不同，容量也各不相同。电子秤可以精确计量，十分便捷。准确把握用量，会让咖啡的美味更上一层楼。

Goods to Step Up

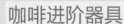

咖啡进阶器具

以下器具让你离资深玩家又近一步。
之前介绍的那些器具已经能让你获得一杯
足够美味的咖啡了。
在此基础上，还想再有所提升的话，就该
好好看看下面的内容了。

> "咖啡器具该买的都买了，可是
> 实际操作后，咖啡味道却不十
> 分满意。"如果有这样的苦恼，
我建议入手一个咖啡豆研磨器。咖啡
豆被磨成粉后，表面积增加，香气更
容易挥发、氧化，变质也不可避免。
买回咖啡豆，萃取时自己现磨的话，
咖啡味道会有质的提升。

　　根据刀盘的不同，研磨器被分为
三种类型。我想给大家推荐的是"圆
锥形刀盘"和在电动研磨器中广泛使
用的"平刀式磨盘"。以上两种研磨出
来的咖啡粉较为均匀。另外还有一种
"螺旋桨式刀盘"电动研磨器，体型小
巧，价格合理，它的问题在于：由机
器工作时间的长短决定研磨的粗细程
度，很难研磨均匀。磨好的咖啡粉总

圆锥形研磨器

是指使用圆锥形刀盘的研磨器。这种
研磨器是将咖啡豆细细研磨后再粉
碎。圆锥形刀盘广泛用于电动和手动
的研磨器中，不同品牌磨出的咖啡粉
颗粒大小也有差异。

Tips

市面上也有钛合金制的、能均匀研磨咖
啡的手动研磨器。

是会有一些微粉。对味道要求高的话，
可以用咖啡专用筛去掉微粉，以便做
出纯净的咖啡。

　　为保持味道的稳定性，萃取过程
中调整热水温度也尤为重要。用刚刚
烧开的沸水冲，咖啡的味道较为浓郁；
用80℃左右的水冲，咖啡较为温和。
也就是说水温会对味道产生影响。

平刀式磨盘

这种研磨器有两片磨盘，一片固定住，一片旋转将咖啡豆磨碎。磨出的咖啡粉比较均匀。

螺旋桨式刀盘

螺旋桨式刀盘通过自身旋转研磨咖啡豆。磨出的颗粒大小不均，并且会产生大量微粉，不推荐大家使用。

温度计

网筛

指针温度计、电子温度计

温度计一般有指针的和电子的，选择自己觉得顺手的就好。也有可以装在咖啡壶上的温度计。

咖啡专用网筛

网筛用于去除研磨过的咖啡粉中的微粉。将咖啡粉倒入网筛中，上下摇晃大约1分钟，就能除去大部分微粉，咖啡味道也会更为纯粹。

Tips

如今有很多人愿意购买那种可以将咖啡粉按照颗粒大小分类的网筛。

Optimum Cup for You

选择适合自己的咖啡杯

一款合适的咖啡杯能让咖啡美味升级。可能有人会纠结于到底该使用哪个杯子，其实这取决于你打算喝什么咖啡。

用于喝咖啡的杯子都被统称为咖啡杯，实际上咖啡杯的设计也是有讲究的。为了保证咖啡能长时间保温，与喝红茶的茶杯相比，咖啡杯一般杯口小、杯体深。咖啡杯的容量大多在 120 ~ 140 毫升。

量少、浓度高的浓缩咖啡，一般用 90 毫升左右的杯子。传统的浓缩咖啡杯具有杯壁厚、杯口小的特点。现在的咖啡杯、小型咖啡杯都向红酒杯看齐，为了获得更好的饮用体验，不断打磨设计细节。比如，卡布奇诺咖啡上有厚厚的奶盖，有时还要加上漂亮的艺术拉花，那么卡布奇诺咖啡杯的口径就会设计得较大。

准确把握每一款杯子的特点，在喝咖啡时选择合适的杯子。这样一来，咖啡美味也会升级。

确认咖啡杯的这些细节

杯口的厚度

杯口较薄的咖啡杯触感柔和，香气和风味能更为顺畅地传递到我们的嘴唇和口中。这类杯子适合浅度烘焙的咖啡。杯口较厚的杯子，能让人强烈感受到咖啡的醇度和厚重感，而且保温性能好，适合深烘焙的咖啡。

杯子的形状

如果喜欢咖啡浓郁的香气，建议选择杯口窄、杯身紧凑的杯子，这样的形状可以让香气在杯中萦绕的时间较长。口径大的杯子，会让人明显感受到强烈的酸味和咖啡丝滑的口感。

| 种类 |

1 马克杯

Mug

一般是一个单杯，没有碟子，呈细长圆筒形，容量一般在200~350毫升，可用于盛普通咖啡、法式欧蕾咖啡、美式咖啡等，用途广泛。

2 普通咖啡杯

Coffee Cup

这种杯子有把手，还带有一个小碟。容量在150~200毫升。一般根据咖啡风味来选定杯子，杯口薄的用于盛酸味强的咖啡，杯口厚的用于盛味道浓郁的咖啡。

3 浓缩咖啡杯

Espresso Cup

为盛入一份标准量的浓缩咖啡，这种杯子比较小巧，容量一般在60~90毫升。考虑到浓缩咖啡端给客人时量少，对保温要求高，所以大部分杯壁都设计得比较厚。

4 欧蕾咖啡杯

Café Au Lait Bowl

欧蕾咖啡杯比较大，没有把手，形状像一个圆碗。在法国，经常用面包蘸欧蕾咖啡食用，所以杯口需要设计得较大。容量一般在200~250毫升。

5 卡布奇诺咖啡杯

Cappuccino Cup

卡布奇诺咖啡杯，是为了方便在浓缩咖啡中注入牛奶后饮用而设计的。为了提高保温性，杯壁较厚。杯口宽大，卡布奇诺咖啡最上面的牛奶层会加上拉花。容量一般在160~350毫升。

6 小咖啡杯

Demitasse Cup

这种杯子的容量大概是普通咖啡杯的一半，为90毫升。常用于饭后饮用浓度高的咖啡或者浓缩咖啡。

Beans and Storage Method

守护味道！
咖啡豆的保存方法

咖啡豆的新鲜度十分重要。掌握正确的保存方法，将咖啡豆的四大天敌驱除干净，就能让咖啡美妙的香气长存。

氧气

咖啡豆一旦接触空气，就会与空气中的味道和氧气混合在一起，开始发生氧化反应。氧化后的咖啡豆有一种怪怪的酸涩味，难以下咽。

咖啡豆是一种非常敏感的食品。保存状态稍有差池，风味就会迅速发生变化。要把它当作生鲜食品来对待，注意保持它的新鲜度。

咖啡豆在烘焙前，还是生豆状态时，放在避光、干燥、通风性好的地方，一般能保存 3 年左右。不过，一旦烘焙过了，就会不断氧化，香味也会持续挥发。

咖啡豆的四大天敌是"氧气""光""热""湿"。一旦接触到以上四项之一，咖啡豆会加快氧化，风味受损，香气飘散。变质后的咖啡豆，无论多么用心去萃取，都很难再有美妙的口感了。把烘焙好的咖啡豆磨成粉，更是会加速它的变质。

买回来的咖啡豆或者咖啡粉，要装在密封容器里，放在避光、阴凉、干燥处。理想的容器是封口带夹链、带有能排出袋中空气的空气阀、有遮光功能的密封袋。咖啡专卖店一般会用这种袋子为客人装咖啡，买回家后原封不动保存就好。玻璃小罐子时尚美观，其实并不适合保存咖啡豆。

光照

咖啡豆一旦见光，风味和香味都直线下降，千万不要将咖啡豆放在有光直射的地方。不仅仅是太阳光，连荧光灯都不行。

高温、潮湿

温度上升会导致咖啡的香气加速挥发，也会加速咖啡豆氧化。潮湿也是导致咖啡豆变质的重要元凶。夏季尤其要注意放在阴凉干燥处。

带夹链和空气阀、遮光性强的真空袋为最佳

夹链

能将氧气隔绝在外的真空袋。带夹链就更好了。取出需要的分量，将袋中多余的空气抽空，拉紧夹链后保存。

空气阀

咖啡豆烘焙后，会不断释放少量的二氧化碳，所以需要存放在带有空气阀的袋子里。若将刚刚烘焙好的咖啡豆装入没有带空气阀的袋子保存，很可能造成袋子破裂。

Best Storage Place

咖啡豆饮用时间与储存地点之间的关系

即使将咖啡豆装进了合适的袋子里，它也可能受储存地点的影响加速氧化。要了解咖啡豆的最佳饮用时期，并将它储存在合适的地方。

> **Tips**
>
> 若咖啡豆保存时间过长，表面会出油。这种肉眼可见的变化也是判断咖啡豆是否变质的标准之一。

咖啡豆是有最佳饮用时期的。它最美味的时期，在烘焙后的1~2周内。很多人可能会误以为，刚刚烘焙好的咖啡最美味，其实并不是这样的。刚刚烘好的咖啡，会排放大量二氧化碳，阻碍咖啡萃取。

一般建议给烘焙好的咖啡豆3~5天的"静养期"。"静养期"结束后到烘焙完的2周内，是咖啡豆最佳饮用时期。如果买回烘焙完没超过2周的咖啡豆，就放在阴凉、干燥、避光处保存。

若咖啡豆需要保存2周以上，不可避免要面对它发生变质的情况，这时常温保存是不行的，最好能冷冻保存。低温冷冻抑制香味挥发和二氧化碳排放，可以减缓变质速度。

如果做不到冷冻，也可以冷藏，只不过冷藏环境下咖啡免不了吸入冰箱中其他食品的味道，所以这不是长久之计，尽早喝掉为妙。研磨咖啡豆时，摩擦生热会让豆子恢复到室温，所以从冷冻室取出来的咖啡豆不用解冻，直接研磨就好。冷冻的咖啡粉也不用解冻，可直接萃取。

咖啡豆的种类、季节的变换，都会给保鲜带来各种难题。若要让美味长存，正确的保存方法尤为重要。

1 新鲜出炉的咖啡豆要避光避热

饮用最佳时期在烘焙结束的1周之后，2周以内。烘焙后2周之内可以放在无阳光直射的阴凉干燥处保存。高温是大忌。把咖啡豆装在带有夹链的咖啡专用保存袋里的，则不用担心。

2 2周后需冷冻保存

2周内还没喝完就要装在密封容器里入冰箱冷冻保存。冷冻会减缓咖啡豆变质速度。研磨时不用解冻，取出后可直接使用。

3 冷藏保存需早日饮用

如果冰箱冷冻室实在放不进去，也可以放在冷藏室保存。尽量放在冰箱深处，温度变化小，不易结霜。冷藏保存不是长久之计，需尽快饮用。

Tips

冷冻保存的咖啡豆，注意每次取出使用量后，要快速密封容器并将剩下的豆子放回冷冻室。避免咖啡豆重复解冻，也可有效延缓变质。

不断推陈出新的咖啡机

如今，IT 技术不断深入运用于咖啡机制造中，并取得了令人瞩目的成就。每年新产品不断上市，这里介绍几款大家关注的日产咖啡机机型。

第一个当数荣获了 2019 年"日本优良设计奖"的百佳产品——"GINA 智能咖啡机"。这款咖啡机外观看起来就是普通的滴滤式咖啡机，但底座中的内置电子秤可用手机软件操作，精确测量咖啡粉和热水、准确把握过滤时间，我们只需按照它的引导一步步操作，就能冲出美味咖啡。每次的冲泡记录都保存在软件里，想要原味重现也十分便捷。这一台机器，集滴滤式、浸泡式、冷萃式为一体，可以做出各种风格迥异的咖啡。

还有一款叫作"iDrip"的咖啡机。它是全智能咖啡机，与普通咖啡机最大的区别在于：机器读取专属咖啡包上的二维码后，它就能通过云端数据库，找出世界知名咖啡师监修的咖啡制作方法，并当场完美呈现。虽然是机器制作的咖啡，但味道毫不逊色于手冲咖啡。

除此以外，还有"好璃奥 V60 自动注入式智能咖啡机"，可连接蓝牙。智能手机上安装了专用软件后，就可以使用手机操控机器来制作咖啡，并且每一杯咖啡的制作数据都会留在软件里。也可下载知名咖啡师的咖啡制作配比，在家轻松重现经典。

Make Delicious Coffee

冲煮出美味的咖啡

Chapter

4

Easy
Paper
Drip

滴滤式

操作简单。
最常用的冲纯正风味咖啡的方法。
根据滤杯的不同，冲法和味道也会有所
不同。

咖啡壶

手冲壶

滤杯

过滤纸

滴滤式冲煮，既简便又容易上手，冲咖啡的人大概都用过。一说到冲咖啡，会有很多人想到这一方法。

决定滤纸式滴滤咖啡品质的因素有：①滤纸的形状；②咖啡粉的颗粒粗细；③热水的注入方式及热水的温度。掌握好这三大要素，可以充分地萃取出咖啡的味道。

滤杯的形状，常见的有梯形和锥形两种。生产商不同，孔的数量和位置、称作肋骨的沟槽高低也有所不同，热水的滤出方式也因此会有所差异。

当然，咖啡的冲煮方式及萃取时间也会发生变化。

其次是颗粒粗细。粗细稍有差别，味道就会截然不同。建议先从中粉开始，再慢慢调整到自己喜欢的状态吧。

最后是滤滴。根据热水温度、注水次数、注水速度的不同，萃取出的咖啡的味道也会不同。例如，增加注水次数，味道更醇厚；减少注水次数，味道更清爽。因此，选择适合的滤杯形状，增减注水次数，慢慢向自己喜欢的味道调整吧。

冲出美味滴滤咖啡的要点

1 清洗滤纸

首先，为了去除滤纸的气味，要用足量热水先过滤一下。同时也是为了充分温热器具，保持萃取的温度不下降。

2 活用咖啡秤

为了让咖啡充分萃取，必须要准确地称量研磨的粉量及注水量。若厨房秤上能放咖啡壶，将事半功倍。

3 使用计时器

要控制蒸粉及注入热水的时间，计时器必不可少。可使用厨房计时器或者手机的计时功能。

4 萃取后用勺搅拌

最先萃取出来的咖啡液和后面出来的咖啡液，味道和浓度上会有区别。所以，萃取结束后，应用咖啡勺竖着搅拌一下。

How to
Paper
Drip

卡丽塔
蛋糕滤杯

平底，方便热水和咖啡粉充分混合，杂味少。
即使是新手也能轻易完成。

粉的研磨度：中粉

萃取分量	热水	咖啡粉量
1杯	180毫升	12克
2杯	360毫升	24克

<1杯份>

时间	注水次数	热水用量	秤的计重
开始	1	30毫升	30克
1分钟	2	50毫升	80克
1分30秒	3	100毫升	180克

热水滴完即完成！
※2杯份时注水量为2倍，3杯份时为3倍。

做法

1 洗滤纸

为了消除滤纸的气味，在滤杯和滤纸中倒入足量热水，先过滤一下。温热器具后，倒掉热水。

4 第二、第三次注水

第二次注水50毫升，由中心向外侧注入。静置，1分30秒时进行第三次注水，将剩余100毫升全部注入。

2 倒入咖啡粉并拍匀

将咖啡粉倒入滤杯中后，两手握住滤杯，轻拍四周，使咖啡粉平实均匀。

3 第一次注水蒸

开始计时。将30毫升热水由咖啡粉中心向外侧呈螺旋状缓缓注入，蒸1分钟。

5 转动滤杯

趁着滤杯上还残留有热水，轻轻转动滤杯，让壁上的咖啡粉聚集到下部。使热水和咖啡粉充分混合。

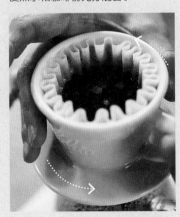

6 取下滤杯搅拌

热水滴完后，取下滤杯，用勺搅拌壶中的咖啡液，使浓度均匀。

How to Paper Drip

梅丽塔
风味醇厚

单孔，所以过滤速度慢，热水和咖啡粉的
混合时间长。
热水缓缓滴落，味道渐渐醇香。

粉的研磨度：中粉

萃取分量	热水	粉量
1杯	180毫升	12克
2杯	360毫升	24克
3杯	540毫升	36克

<1杯份>

时间	注水次数	热水用量	秤的计重
开始	1	30毫升	30克
1分钟	2	50毫升	80克
1分30秒	3	100毫升	180克

热水滴完即完成！
※2杯份时注水量为2倍，3杯份时为3倍。

1 折叠滤纸一端

将滤纸底部折一次，再将斜着的一边反
向折一次，这样就能充分承接倒入的咖
啡粉。

4 第一次注水蒸

将30毫升热水从咖啡粉中心呈螺旋状缓缓
注入，使热水浸透全部咖啡粉。蒸1分钟。

100

2 洗滤纸

为了消除滤纸的气味，在滤杯和滤纸中倒入足够的热水，先过滤一下。温热器具后，倒掉热水。

3 拍匀咖啡粉

将咖啡粉倒入滤杯中后，用手轻轻摇晃或轻拍滤杯，使咖啡粉平实均匀。

5 第二、第三次注水

第二次注水50毫升，让热水浸透全部咖啡粉。第三次注入剩余热水，轻轻摇晃滤杯，使残留在纸壁上的咖啡粉聚集到下部。

6 取下滤杯搅拌

热水全部滴完后，取下滤杯，用勺搅拌壶中的咖啡液。

How to Paper Drip

好璃奥
风味清爽

单孔且孔径大，杯身高且呈螺旋状，所以
热水滤出速度快。
快速注入，咖啡风味清爽。
慢速注入，咖啡风味醇厚。

粉的研磨度：中粉

萃取分量	热水	粉量
1杯	180毫升	12克
2杯	360毫升	24克
3杯	540毫升	36克

<1杯份>

时间	注水次数	热水用量	秤的计重
开始	1	30毫升	30克
1分钟	2	50毫升	80克
1分30秒	3	100毫升	180克
1分50秒	4	50毫升	180克

热水滴完即完成！
※2杯份时注水量为2倍，3杯份时为3倍。

做法

1 洗滤纸

为了消除滤纸的气味，在滤杯和滤纸中
注入足量热水，先过滤一下。温热器具
后，倒掉热水。

4 转动滤杯

轻轻转动滤杯，让壁上残留的咖啡粉聚
集到下部，使所有的粉都能和热水充分
混合。

2　第一次注水蒸

开始计时。将30毫升热水呈螺旋状缓缓注入，使咖啡粉全部湿润，蒸1分钟。

3　第二至第四次注水

第二次注水同样由中心开始画圈。浇到滤纸也没事。然后，在规定时间进行第三次、第四次注水。

5　取下滤杯

准备好放滤杯的容器。热水滴完后，取下滤杯放好。

6　用勺搅拌均匀

用勺搅拌壶中的咖啡液，使整体浓度均匀。

How to Paper Drip

🫘

波浪式（蛋糕式）
凹凸有致，
风味清爽

滤杯表面凹凸有致，滤纸和滤杯难以贴合。
单孔，过滤速度快，风味清爽度高。

粉的研磨度：中粉

萃取分量	热水	粉量
1杯	180毫升	12克
2杯	360毫升	24克
3杯	480毫升	36克

<1杯份>

时间	注水次数	热水用量	秤的计重
开始	1	30毫升	30克
1分钟	2	50毫升	80克
1分30秒	3	50毫升	130克
1分50秒	4	50毫升	180克

热水滴完即完成！
※2杯份时注水量为2倍，3杯份时为3倍。

做法

1 锥形滤纸也可

波浪式的独特之处在于，滤纸选择多。
蛋糕滤纸或者好璃奥的锥形滤纸都行。

4 第二至第四次注水

第二至第四次注水同样由中心开始画圈，
每次注入50毫升。注意不要让热水流到
滤杯和滤纸之间。

2 洗滤纸

为了消除滤纸的气味，在滤杯和滤纸中注入足量热水，先过滤一下。温热器具后，倒掉热水。

3 第一次注水蒸

将30毫升热水从咖啡粉中央呈螺旋状缓缓注入，使咖啡粉全部湿润。蒸1分钟。

5 转动滤杯

第四次注水完成后，轻轻转动滤杯，让壁上的细小咖啡粉聚集在下部，然后静置，等待热水全部滴完。

6 用勺搅拌均匀

用勺搅拌壶中的咖啡液，浓度均匀后，即大功告成。

How to Paper Drip

凯梅克斯滤杯
稳定萃取

冲出来的咖啡风味干净，所以在欧美大受
欢迎。
用比较粗的粉，所以即使注水量多也能稳
定萃取。

粉的研磨度：粗粉

萃取分量	热水	粉量
2杯	300毫升	20克
3杯	450毫升	30克
4杯	600毫升	40克

<2杯份>

时间	注水次数	热水用量	秤的计重
开始	1	60毫升	30克
1分钟	2	90毫升	80克
1分30秒	3	150毫升	130克

热水滴完即完成！
※3杯份时，第一次注水量为90毫升，第二次注水量为
135毫升，第三次注水量为225毫升。

1 折、洗滤纸

将滤纸两边向内折，折成有肋骨的形状。
注入足量热水，将滤纸洗一洗。

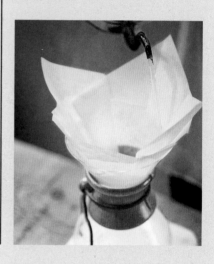

4 第三次注水

第三次注水同样从咖啡粉中心向外侧呈
螺旋状注入，使热水与全部咖啡粉接触。

2 第一次注水蒸

将60毫升热水从咖啡粉中央缓缓注入，使咖啡粉全部湿润，蒸1分钟。注意不要将热水浇在滤纸上。

3 第二次注水

第二次注水同样由中心开始画圈。缓缓注入，使热水接触到全部咖啡粉。

5 转动过滤器

第三次注水完成后，轻轻转动上部的过滤器，让壁上的细小咖啡粉聚集在下部，然后静置，等待热水全部滴完。

6 摇晃咖啡壶

当流出的萃取液呈滴状时，即可取出滤纸。然后，轻轻摇晃下方的咖啡壶，使咖啡液浓度均匀。

Attraction
of
French Press

手冲壶

法式滤压壶的魅力

可提取出咖啡精华，是浸泡法中的佼佼者。
可直接享受到咖啡的原味。

法式滤压壶

法式滤压壶是欧洲常见的冲咖啡器具，因流行于法国而得此名。

　　法式滤压壶的魅力在于人们可以享受到咖啡的原味。在滴滤式中易被过滤掉的咖啡油脂，用法式滤压壶也能充分萃取出来，因而香味变得丰富，口感更加顺滑。

　　直接将咖啡粉浸泡在热水中进行萃取，操作简单，不需要复杂的技术。足不出户也能轻松地品尝到和咖啡店里一样地道的咖啡。

　　若能准确控制粉量、热水量、萃取时间这三个变量，就可以冲出别无二致的咖啡。因此，它也能用于鉴定咖啡豆的香味。滴滤式冲泡法中根据萃取的杯数不同，耗费的时间也不同。但是法式滤压，不论是萃取 0.35 升还是 1 升均只需要 4 分钟就能完成。因此，法式滤压壶特别适合用于萃取大量咖啡。

1 分两次注入热水

分两次注入烧开的热水。第一次注入热水是为了排除咖啡粉中的气体。注入到法压壶一半左右，随即会听见有气泡冒出的咕噜声。

2 用铁壶大胆注入也行

第一次注水时，要用力倒才有效果，所以也可用开口大的水壶。若是刚磨好的咖啡豆，可以清晰地看见分层，由下至上分别是液体层、咖啡粉层和泡沫层。

3 用脏后取下零件清洗

压滤杆（带有金属滤网的盖子）的滤网部分出现明显污垢时，应拆开零部件仔细清洗。

4 半年换一次滤网

多次使用后，滤网会出现边缘变形、网眼堵塞等问题，慢慢就会损坏。虽然是否更换滤网取决于使用频率，但建议每半年换一次。

How to French Press

法式滤压壶的使用方法

即使是新手也能简单完成。
可直接感受到咖啡的独特魅力。

粉的研磨度: 中粉

萃取分量	热水	粉量
2杯	300毫升	16~18克
4~5杯	850毫升	46~48克

<2杯份>　　　　　　　　　（以35毫升法压壶为例）

时间	注水次数	热水用量	秤的计重
开始	1	150毫升	150克
30秒	2	150毫升	300克

4分钟后，下压压滤杆即完成。

1 倒入咖啡粉

取下盖子，拉出压滤杆。将计时器设置为4分钟。倒入粉末，轻轻摇晃法压壶，使咖啡粉均匀铺平。

4 第二次注水

当膨胀的咖啡粉渐渐沉淀，液面下降时，再注水将其全部浸泡。水量以离壶口1.5厘米左右为准。

110

2 | 第一次注水

4分钟计时开始，大胆注入热水至法压壶的一半左右，让咖啡粉均匀浸泡。

3 | 出现三层分层情况

在30秒的闷蒸中，咖啡粉吸水膨胀，于是可看见容器内分为3层：液体层上是咖啡粉层，再上面是泡沫层。

5 | 盖上盖子

盖上法压壶的盖子，压滤杆维持原样不动。静置，直至4分钟计时结束。

6 | 压下压滤杆

缓缓将压滤杆压到底，注意不要让咖啡溢出来。

Aeropress is Hybrid

爱乐压便携
咖啡壶

手冲壶

合二为一的爱乐压壶

结合了法式滤压壶的浸泡式萃取法，萃取
方法可自成一派，玩法多样。

爱乐压壶的结构类似于一个注射器，利用空气压力来冲咖啡，是一种比较新式的冲咖啡工具，近年来备受瞩目。它可短时间内完成萃取，事后清洁简单，小巧轻便，常有人在旅行中随身携带。

爱乐压壶结合了浸泡式和压滤式咖啡机的特点。通过增大压力，在较短时间内完成萃取，且适用于咖啡的各种萃取方式。利用爱乐压壶制作咖啡的玩法自由，既能在短时间内萃取出风味清爽的咖啡，也能用较多粉量萃取出风味醇厚的咖啡。

爱乐压壶的构成除了有盛装咖啡粉和热水的滤筒、推进的压杆以外，还附带有圆形过滤盖和用于搅拌的搅拌棒。此外，用来盛咖啡的咖啡杯也可以直接放在爱乐压壶上。准备的咖啡杯需结实耐压，且杯口与爱乐压壶口能互相衔接，这样方能成功萃取。

爱乐压壶有标准式和反压式两种萃取方法。反压就是将壶身倒过来萃取。它与标准的正压式的区别在于反压式在加压前可防止萃取液流出。

使用爱乐压壶的要点

1 带着旅行、出差

若将爱乐压壶拆开装将更小巧，装进包里便可随身携带。到达目的地后，便可冲出自己喜爱的咖啡，自得其乐。

2 浓泡后稀释

除了正压式萃取，还有将用大量咖啡粉冲出的浓咖啡再稀释的萃取方法。这样可能会带点奢侈的味道。

反压式萃取也颇受欢迎

1 反装零件

温热过滤器后，倒装滤筒和压杆，即滤筒在上、压杆在下。倒入咖啡粉，使其平实均匀后注水。

2 扣上咖啡杯后翻转

倒入热水后轻轻转动，扣上咖啡杯盛接，小心倒置整个爱乐压壶，然后推压杆进行萃取。泡浓一点，就是一杯地道的美式咖啡。

How to Drip Aeropress

爱乐压壶的使用方法

切记萃取时需缓慢推压杆。

可按照自己喜爱的口味自由萃取。

1 洗过滤器

用热水洗过滤器。既可以温热咖啡杯，又去除了滤纸的气味。倒掉热水。

萃取分量	热水	粉量
1杯	200毫升	15~17克

时间	操作
开始	注水20秒
20秒	搅拌（5~10秒）
30秒	闷蒸（1分钟）
1分30秒	缓慢按压20秒
1分50秒	完成

反压式

研磨度	分量	热水（93℃）
粗粉	20克	80毫升 （＋60毫升稀释用）

时间	操作
开始	注水
15秒	搅拌
30秒	扣上咖啡杯后反转
1分10秒	缓慢按压

加入热水稀释后即完成。

2 装滤筒和过滤器

将装好的滤筒和压杆放在咖啡杯上。若是耐热的马克杯，萃取后便可直接饮用了。

3 注水

倒入咖啡粉，使其平实均匀，然后用20秒时间缓慢注入200毫升热水，将咖啡粉全部浸泡。这里不用蒸。

4 用搅拌棒搅拌

用搅拌棒或者咖啡勺画圈搅拌。然后放上压杆，闷蒸1分钟。

5 缓慢按压

缓慢按压20秒左右。快速按压则风味清爽，慢速按压则风味浓郁。按压的力度和速度不同，咖啡味道也会有变化。

Various Types of Metal Filters

手冲壶

咖啡壶

金属滤网

各种各样的金属滤网

由金属筛网构成的滤网。

筛网有各种型号，筛孔有圆形，也有长条形。

金属滤网的优点是手冲壶选择范围大，还可喝到用滤纸萃取时被过滤掉的咖啡油脂，直接品尝到咖啡的原味。它还有一个特点是咖啡液中混有细小咖啡粉，会有些许渣感。若不喜欢这一点，可提前用茶筛筛掉这些细小咖啡粉。

近年来，金属滤网在行业内越来越受欢迎。它清洗后可反复利用，十分环保。但为了网眼不被堵塞，需要用洗餐具的洗涤剂或软毛刷来进行清洁保养。

筛孔有圆形、杉叶形及长条形三种。常见的筛网有梯形和锥形两种，都带有专门的固定咖啡架。不需要滤纸的金属滤网也十分畅销。它也常与凯梅克斯滤杯或咖啡机搭配使用。想买的话，应参照金属滤网的大小及形状来下单。

金属滤网的筛孔比滤纸要大，用它过滤时，热水会直接滤过。所以，注意在第一、第二次注水时，不要把水浇到滤网上。

金属滤网的种类

梯形

长条形筛孔

筛孔为长条形。流速稳定，控制注水速度至关重要。

梯形

杉叶形筛孔①

筛网复杂得像杉树叶子。流速缓慢，可以感受到器具的精巧。

梯形

杉叶形筛孔②

筛孔虽为杉叶形，但孔眼大，因此咖啡风味偏柔和。

锥形

圆形筛孔

由一个个等距离排列的小圆筛孔组成。因为粉层变厚，所以咖啡风味也变得浓厚。

杯形

一体式杯型

可以直接用马克杯萃取1人份咖啡。倒入咖啡粉，盖上内盖后注水即可。

Tips

金属滤网将咖啡油脂滤出，这样人们便能充分感受到咖啡的独特魅力。和滤纸相比，金属滤网的眼更大，所以咖啡粉的碾磨度至关重要。可以根据金属滤网自身的流速来做细微的调整，流速快则用细粉，流速慢则用稍粗的粉。

117

How to Metal Filters

金属滤网的使用方法

直接将热水倒在滤网上，随即水就流入咖啡壶。

滤网与咖啡壶之间是直接接触，注意过程中防止有水溢出。

粉的研磨度：中粉

萃取分量	热水	粉量
1杯	180毫升	12~13克
2杯	340毫升	21~22克

<2杯份>

时间	注水次数	热水用量	总重量
开始	1	30毫升	30克
1分钟	2	50毫升	80克
1分30秒	3	50毫升	130克
2分钟	4	110毫升	240克
2分30秒	5	100毫升	340克

※1杯份时，第一次注水量为30毫升，第二、第三次分别为25毫升，第四、第五次分别为50毫升。

1 加入咖啡粉铺平

从咖啡壶上取下滤网，再向滤网中装入咖啡粉，轻轻摇晃，让咖啡粉均匀铺平。注意不要直接在咖啡壶上晃动滤网，因为这样会导致细小咖啡粉掉落到咖啡壶中。

4 第二至第五次注水

第二次注水由中心开始画圈注入。注意液面不要超过滤网的边界，然后完成剩下的三次注水，时间间隔为30秒。

2 第一次注水

将30毫升热水从咖啡粉中央缓缓注入，均匀浸润且使咖啡粉全部湿润。注意不要将热水溅到筛网上。

3 闷蒸

咖啡粉全部浸润后，若表面有泡泡冒出，可静置一段时间，闷蒸1分钟，咖啡粉中的气体即会消失。排出气体后，咖啡与热水会更易混合。

5 取下过滤器

达到所需萃取量之后，即使仍在萃取，也要将滤网从咖啡壶上取下。

6 搅拌后倒入杯中

用勺搅拌咖啡壶中的萃取液，使其浓度均匀。然后，倒入杯中即可享用。

Retro Siphon

虹吸壶

竹匙

复古的虹吸壶

虹吸壶的特别之处是既可以让人体会到做化学实验的乐趣，又充满复古情调。能充分享受到咖啡浓郁的香气和浓厚的口感。

虹吸壶的原理是利用酒精灯等煮沸热水，产生蒸汽制造压力，进行萃取。萃取方式独特，爱好者众多。复古的外观，萃取时产生的悦耳的沸腾声，弥漫整个空间的咖啡香味，都是虹吸壶的魅力所在。

烧瓶里的水被加热后，内部会产生水蒸气，导致瓶内压力上升，热水会通过玻璃管上升到上壶中。然后与上壶内的咖啡粉混合，进而开始萃取。移开酒精灯等热源后，烧瓶内的水冷却，导致瓶内压力下降，在上壶中萃取出的咖啡液通过过滤器，回流到下面的烧瓶内，萃取完成。

由于过滤器外包裹着滤布，萃取液中含有咖啡油脂，所以做出的咖啡风味醇厚。虽然人们很容易首先被虹吸壶复古的外观所吸引，实际上它出品的咖啡香味之丰富同样令人着迷，是一款观赏性与功能性兼备的咖啡萃取器。

热源有酒精灯和卤素加热器等。在家的话，推荐使用火力稳定的户外专用煤气罐等。

1 洗净滤布，冷冻保存

将滤布紧贴在过滤器上。萃取后，用流水浇注滤布的开口，将粉末冲掉。用刷子等去除滤布表面的粉末。建议最好放在冰箱内保存。

2 用钩子挂住

将过滤器上的弹簧穿过上壶，使其另一端钩子挂在玻璃管的下沿。可用竹匙进行调整，保证过滤器固定在上壶的中央。

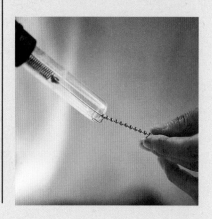

用沸石判断水温

1 观察珠链，判断温度

在上壶过滤器的弹簧下面附有一条珠链，这个珠链起着沸石的作用。观察珠链上的冒泡情况，可判断热水的温度。

2 观察热水的温度

珠链上冒出小气泡，说明温度正在上升。如果连续不断地冒出大泡泡，发出噗噗声，说明水已沸。

How to Siphon

虹吸壶的使用方法

不要过度煮沸烧瓶内的热水。
仔细安装过滤器，稳定萃取。
操作中注意安全，小心高温。

粉的研磨度：中粉

萃取分量	热水	粉量
1杯	200毫升	17克

时间	操作
开始	第1次搅拌
30秒	闷蒸
完成	移出热源，第2次搅拌 静置，热水滴完即完成

1 判断烧瓶内的水温

在烧瓶里倒入热水，用酒精灯或加热炉加热至沸腾。观察与上壶相连的珠链来判断热水的沸腾程度。

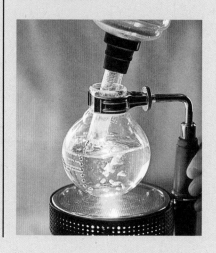

4 第二次搅拌

蒸30秒，让其自然萃取。然后，移出热源，从下面卷起粉末搅拌。

2 咖啡粉倒入上壶内，安装上壶

将咖啡粉倒入上壶中，轻轻摇晃，使其均匀铺平。保证水处于沸腾状态，然后把上壶安装在烧瓶上。

3 第一次搅拌

热水逐渐上升，聚集在上壶中，高度达到1厘米后，用竹匙开始搅拌，让热水和咖啡粉充分混合。让它处于闷蒸状态，以排出粉末中的气体。

5 萃取液回流进烧瓶

静置，等待萃取液从上壶中完全回流入烧瓶内，当气泡逐渐消失后，轻轻摇晃烧瓶，使萃取液浓度均匀。

6 光照下确认混入物

萃取液中有时也会掺入未混合的咖啡粉和滤布的绒毛，所以在萃取结束后用光照射烧瓶，确认一下里面的情况吧。

Flavorful Macchinetta

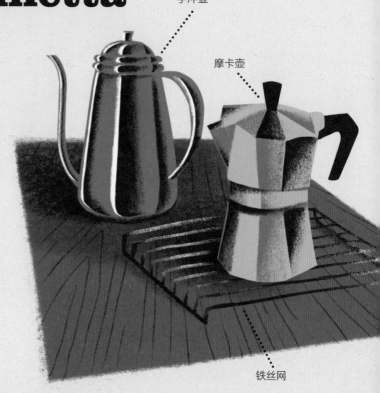

手冲壶

摩卡壶

铁丝网

风味浓郁的意式摩卡咖啡壶

在意大利十分常见的家用咖啡壶。也是直火式咖啡壶，可以冲出风味醇厚的咖啡。

意式摩卡咖啡壶又称直火式浓缩咖啡壶、摩卡壶、八角摩卡壶，是意大利家庭中十分普及的咖啡萃取工具。父母可能会一直用到传给孩子，人们对它的珍惜程度可想而知。与浓缩咖啡机在9个大气压下萃取咖啡相比，意式摩卡咖啡壶只有2个左右的大气压，即便如此，它也能萃取出风味浓郁的咖啡。

意式摩卡咖啡壶的工作原理是加热底部的锅炉，使锅内的水沸腾后转化为水蒸气，利用蒸汽压力，推动热水从导管进入到上面盛放咖啡粉的粉槽。萃取后热水上升到咖啡壶的管道中并流进上壶，至此整个过程就完成了。

意式摩卡咖啡壶由三部分组成：煮沸水的"锅炉（下壶）"，装咖啡粉的"粉槽"，储存萃取液的"咖啡壶（上壶）"。注意将各部分紧密连接，不让压力外泄。从热水中萃取时，烧焦气味会减少。虽然如今也出现了自带电热源的最新款咖啡壶，但大多数仍然是直火式。支持电磁加热的咖啡壶很少，购买时注意确认加热方式。

用摩卡壶冲出美味咖啡的要点

1 紧密组装各部分

放咖啡粉的粉槽边缘附有橡胶垫圈，如果垫圈上有粉末，可能会造成压力外泄，无法稳定萃取。

2 准备一张可以稳定放置摩卡壶的铁丝网

如果煤气灶的三脚架太大，放不上摩卡壶，可准备一张铁丝网，将壶放在铁丝网上，就可稳定地放在火源上了。此外，还可用摩卡壶专用的支撑环。

摩卡壶的保养

1 注意保养

保养时，需用海绵清洗以免损坏。禁止使用漂白剂。摩卡壶有不锈钢和铝制两种。如果是铝制的，用水冲洗后，需立即擦干。

2 每次拆开清洗

使用后，应拆开并用中性洗洁精清洗。每隔几次需取下橡胶垫圈清洗。借助牙签之类的东西可以很容易地取下垫圈。

125

How to Macchinetta

意式摩卡咖啡壶的使用方法

意式摩卡咖啡壶采用直火萃取，所出品的咖啡风味浓厚，口感丝滑，仿佛浓缩了咖啡的魅力。

粉的研磨度：细粉

萃取分量	热水	粉量
1~2杯	200毫升	20克

1 锅炉内注入热水

将热水倒入下壶（锅炉），直至内侧标记处。20克粉对应需要200毫升热水。用沸水可以防止焦臭。

4 开火

在炉灶等热源上装上铁丝网，再放上摩卡壶。开小火或中火。火力大的话，萃取时间会被极大地缩短。

2 放入咖啡粉

在粉槽中放入20克咖啡粉，轻晃，使其均匀铺平。注意不要压得太紧。

3 组装

把粉槽卡在锅炉上，并装上咖啡壶。组装时，注意各连接处不要沾到粉末。如果各部分组装不紧密，可能会导致压力外泄。

5 咖啡壶内萃取

当锅炉中的水开始沸腾时，水会因为蒸汽的压力而慢慢上升，经过导管，浸泡咖啡粉，在上壶越积越多。打开盖子也没关系，但热水可能会溅出。

6 听到声音就移开

当咖啡变白，并发出噗噗的声音，即表示萃取完成。将咖啡倒入杯中后，让摩卡壶冷却，放凉后拆开清洗。

How to Iced Coffee

冰咖啡

夏天没法戒掉的冰咖啡。
用大量冰块进行急速冷却，可以享受到
浓郁的风味和口感。

咖啡壶

冰咖啡

冰咖啡大致分为急冷式和冷萃式两种。急冷式，即将冲好的热咖啡倒进装有大量冰块的咖啡壶或玻璃杯里，使其急速冷却。萃取出来的咖啡会被冰块稀释，所以要增加粉量或减少注水量。用滤纸滴滤式和法式滤压萃取的咖啡都可以用急冷式制成冰咖啡。

冷萃式，即用冷水浸泡，缓慢萃取。先在锅中倒入咖啡粉，使粉末铺平，再倒入冷水，使其混合。然后封上保鲜膜冷藏 8~10 小时，最后用滤纸或金属滤网进行过滤即可。此方式出品的冰咖啡质地黏稠，口感浓郁。

急冷式

粉的研磨度：中粉

法式滤压（0.35毫升）

粉量	热水
28克	200毫升

滤纸滴滤式

粉量	热水
15克	200毫升

冷萃式

粉的研磨度	粉量	冷水	时间
中粉	20克	200毫升	8~10小时

128

1 咖啡壶内加入冰块

若是滤纸滴滤式萃取，首先要用热水洗过滤器，然后在咖啡壶中放入大量冰块。

2 闷蒸

加入咖啡粉，使其均匀铺平，从中央慢慢注入热水至全部湿润，蒸1分钟。

3 萃取液流入冰块中

将热水从咖啡粉中央缓缓画圈注入。萃取液遇冰块即开始冷却，急速冷却后的咖啡口感浓厚。

4 搅拌并冷却

萃取液流完后，用勺搅拌均匀。如果冰块融化得比较快，可再加入2~3块冰块继续冷却。

Rich Espresso

烧钱的意大利浓缩咖啡

意式浓缩咖啡是通过加压的方式进行萃取，
口感醇厚，香味浓郁。
意式咖啡机正逐渐成为一款家用咖啡机。

意式咖啡机

随着星巴克等西雅图式咖啡店数量增加，利用高压快速萃取一两杯咖啡的意式浓缩咖啡日益受到欢迎。

苦味和醇味是意大利浓缩咖啡的突出特点。此外口感柔和也是它的一大魅力，因为是一边加压一边萃取，所以咖啡的油脂被乳化了。

影响浓缩咖啡口感的三个因素是热水的温度、咖啡粉的粗细和萃取时间。咖啡师通过多次调整这些变量来确定萃取的最优配方。水温最好保持恒定。粉太细的话，萃取时间变长，导致过度萃取；而粉太粗的话，萃取时间变短，导致萃取不足。据说萃取时间相差1秒，味道就截然不同。

最近市面上有很多家用的浓缩咖啡机。从可以在小咖啡馆实际使用的正式半商用咖啡机到只需安装好胶囊和壶就能轻松出咖啡的胶囊咖啡机，性能和功能各异、款式也多种多样。购买的时候，应先明确自己的预算和目标，再选择适合自己的机型。

用意式咖啡机冲出美味咖啡的要点

1 压实咖啡粉

为避免粉槽内出现萃取不稳定的情况，将咖啡粉装入粉碗后，需铺平压实。注意压粉时力道要均衡。

2 达到指定量后停止萃取

用电子秤准确计量流入杯中的萃取液的量，达到规定量后立即停止萃取。超过或低于规定量，味道都会失之千里。

意式咖啡机的使用注意事项

1 一定要冲洗

开始萃取前，一定要先按萃取按钮进行冲洗（放水），放掉冲煮头前端的水，预热机器，并冲掉上一次使用时残留的粉末。

2 清洁机器

按照机器制造商的说明定期清洁机器。因为含油分多的浓缩咖啡会使残留在咖啡机内的液体发生氧化，从而影响口感。

131

How to Espresso

意大利浓缩咖啡的制作方法

意大利浓缩咖啡风味浓厚，口感丝滑，
充分展现了咖啡的魅力。

粉的研磨度：极细粉（浓缩咖啡）

粉量	萃取量	萃取时间
20克	40~42克	20~30秒

1 | 加入咖啡粉铺平

组装粉碗并加入咖啡粉，轻轻摇晃使咖啡粉均匀铺平。

4 | 冲洗

按下咖啡机的萃取按钮，进行冲洗。一方面放掉冲煮头前端的水，另一方面冲掉上次使用后残留的粉末。

2 压实

用手轻晃后，用压粉器将咖啡粉压实。用15千克左右的力量垂直按压，注意不要用力过猛。

3 去除边缘的粉末

用手指将过滤器边缘的粉末清除干净。如果边缘附着粉末，萃取过程中会发生压力外泄，无法稳定萃取。

5 装粉碗

将粉碗安装在冲煮头上。在粉末吸收水分之前，开始萃取。

6 萃取到规定量为止

把杯子放在杯架上，按下萃取按钮。萃取液达到规定量后立即按停止按钮。

什么是卓越杯精品咖啡豆竞赛

咖啡界每年会举办一次评审会，在各个原产国中评选出顶级的咖啡豆。这就是"卓越杯"（CoE）。

CoE 首先由国内审查员进行预选，然后由各国邀请的国际审查员进行严格的筛选，满分 100 分，只有获得 87 分以上的咖啡豆才能获奖。获奖咖啡豆的价格由网络拍卖决定，每年均以罕见的高价成交，吸引了众多咖啡爱好者的关注。

CoE 最初于 1999 年在巴西举办。当时，咖啡的国际市场行情低迷，交易价低于成本价，生产者们苦不堪言。为了改变这一现状，在联合国和国际咖啡组织的协助下，咖啡生产国政府开始开发振兴咖啡项目，CoE 是其中的一项。多年来，人们逐渐认识到 CoE 是一个优质项目，报名参赛的国家也越来越多，迄今已在 10 多个国家成功举办。

CoE 不仅仅是一个评审会，还是栽培者和烘焙者之间的纽带。正因为有这个竞赛，才让世界各国的烘焙者遇到了优秀的栽培者，消费者也了解到了高品质的咖啡。可以说 CoE 促进了精品咖啡、第三波咖啡浪潮以及咖啡直接贸易的发展。

Arrange Your Usual Coffee

花式咖啡

Chapter

5

Supporting Roles Side Characters

不可忽视的
几大配角

水是咖啡不可或缺的伙伴。
糖和牛奶让咖啡锦上添花。
精心挑选配角，使咖啡更加美味。

咖啡豆

水

牛奶

糖

在冲煮咖啡时，水是必不可少的。水占滴滤咖啡的98%~99%，咖啡的味道实际上取决于水。水质有两个指标：硬度和pH值（酸碱度），在冲煮咖啡前有必要了解最适合它的水质指标。

还有各种类型的糖和牛奶，都是喝咖啡时常搭配的。什么也不添加，直接喝纯黑咖啡是一种不错的选择。不过，如果在酸味咖啡中加入糖，味道会截然不同，它的果味会令人印象深刻，同时，还可能会令人思考咖啡豆本身的特性，而这些是在黑咖啡中很难发现的。糖和牛奶也能够改变咖啡的味道。在享用第142页介绍的花式咖啡时，牛奶和糖将作为常客出现，所以，提前了解它们的味道和使用方法将事半功倍。

水

了解硬度和pH值，用不同的水冲煮咖啡。

水的硬度和pH值决定了水的性质。硬度指的是水中的矿物质（如钙离子和镁离子）含量。若矿物质含量低，就是"软水"；含量高，就是"硬水"。如果硬度太高，咖啡的成分无法被充分萃取，就会导致味道寡淡。因此，软水更适合泡咖啡。

pH值表示液体的酸碱度，等于7为中性，低于7为酸性，高于7则为碱性。用pH值低的水冲煮咖啡会导致咖啡口感偏酸。

此外，自来水可能含氯。将水煮沸能够弱化这个问题，但我建议大家使用矿泉水或净水器处理过的水。

硬度

Hardness

如果想品味咖啡的酸味，如浅烘焙或中烘焙，建议用软水。各个地区水质不同，冲煮的咖啡风味也各具特色。

pH值

Potential of Hydrogen

用酸性水（低pH值）冲煮咖啡，口感会偏酸；而用碱性水冲煮，口感则会偏苦。市售的矿泉水大多数为中性，所以适合冲煮咖啡，且口感稳定。

Milk
and
Cream

牛奶或奶油
使咖啡更醇厚

牛奶使咖啡的苦味更浓郁、厚重。
除了牛奶和鲜奶油外，还有分装的奶油。
可以根据自己的喜好来添加。

鲜奶油

鲜奶油（小包装）

牛奶

MILK

说到改变咖啡的口味，人们会最先想到牛奶。牛奶主要分为三种类型。

首先是用于制作牛奶咖啡等花式咖啡时使用的牛奶。味道因奶牛的品种、牛奶调制方式及消毒方法不同而不同。其中，巴氏杀菌的牛奶没有异味，可以品味到牛奶的自然甘甜，能提升咖啡的口感。

其次，鲜奶油也是老搭档，其特点是浓度较高，只需一点点就能让咖啡奶味十足。不同来源的牛奶的含脂量从 20% 到 47% 不等，可根据个人喜好适量添加。不过，需要注意的是，鲜奶油的脂肪含量高，容易从浅度烘焙咖啡中分离出来。

与牛奶和奶油不同，大多数分装型咖啡用奶油是由植物油和脂肪制成，味道很淡。这种奶油被装在一个密闭的容器中，可在常温下储存，便于户外的使用。

牛奶的种类

牛奶
Milk

推荐使用未经调制的巴氏杀菌奶。将温热的牛奶加入咖啡中，搅拌均匀，口感将更丝滑。

新鲜奶油
Fresh Cream

喜欢浓郁奶香的，可加入少量新鲜奶油，奶油会使咖啡更醇香。注意不要加太多。

粉状奶油
Powder Cream

粉状奶油是加工成粉末状的植物油和乳制品，也被称为奶油粉。有瓶装、袋装等。

植物奶油
Potion Cream

植物奶油是植物油和水加乳化剂制成的，呈奶油状。每罐植物奶油约有5毫升。可常温下储存，便于携带。

Sugar
Adds
Sweetness

砂糖的甘甜
为咖啡增添
了柔和的味道

苦味咖啡虽也不错。
但在感到疲惫或想放松时，
建议喝点甜味咖啡。

蜂蜜

砂糖

咖啡专用糖

当你累了的时候，可以在咖啡中加点糖，享受咖啡的甘甜。在浓缩咖啡中加入大量的牛奶和糖，是意大利等国人们的日常享用法。享受甘甜和浓香交织的咖啡吧。

　　添加不同种类的甜味剂时，咖啡的味道也不尽相同。

　　许多咖啡店都有跟自己店里咖啡相配套的糖。坚定的黑咖爱好者也不妨试一试。

　　蜂蜜的味道因花蜜的种类不同而存在差异。大家可以试一下洋槐蜜和百花蜜。这两款蜂蜜能突出咖啡的香味，特别推荐作为甜味剂与咖啡搭配使用。

砂糖的种类

砂糖

Granulated Sugar

砂糖比白糖更丝滑，易于溶解，有一种清爽的甜味。作为咖啡和红茶的甜味剂深受欢迎。方糖就是压制的方状砂糖。

咖啡专用糖

Coffee Sugar

咖啡专用糖由冰糖加焦糖制成，不含任何咖啡的成分。因溶解较慢，在饮用伊始和将尽时，能分别品味到不一样的味道。

红糖

Casonade

红糖是100%由甘蔗榨取而来的茶色砂糖。未经提炼，具有独特的香味和浓厚的甜味，也是制作法式甜点时必不可少的。

蜂蜜

Honey

蜂蜜的独特香气和甘甜可以改变咖啡的味道，使其独具风味。和牛奶一起加入时口感更佳。

胶糖浆

Gum Syrup

胶糖浆用于糖不易溶解的冰咖啡中。它是由水和糖煮成的甜味剂，不建议将其加入热咖啡中，否则会稀释咖啡。

Tips

极致的花式咖啡就是"咖啡+糖"。配料简单，可以品味到各种原材料搭配在一起的美味。在美式咖啡中加入少量的蜂蜜，将给人带来不同以往的味觉体验。

Enjoy Arrange Coffee

尝试花式咖啡

有时可以在咖啡中加入牛奶或酒，尝试做一杯花式咖啡。

将原材料自由搭配，会品尝到意想不到的味道。

学会制作一杯纯咖啡后，就可以尝试花式咖啡。一杯好的咖啡在合适的搭配（如糖和牛奶）下将会更美味，同时还能产生新的口味。奶味十足的牛奶咖啡口感柔和，是早餐的最佳拍档。如果在上面加上鲜奶油，则变成一道绝佳的餐后甜点。

牛奶是花式咖啡中的常客，酒和肉桂也适合与咖啡搭配。如果在咖啡馆发现了自己喜欢的配方，可以记下来，然后在家里尝试。

这些时刻喝什么好呢

早晨

早晨醒来时，可以喝一杯简单的、奶味十足的咖啡。搭配羊角面包也别具一番风味。夏天经冷冻后饮用也是优选。

午后

如果午餐后想吃点甜食，可以在咖啡上加冰激凌或鲜奶油来补充能量。这款花式咖啡类似于甜点，适合用来给身体充电。

夜晚

晚餐后，可以选择带有温和甜味的热咖啡，如肉桂咖啡。它能温暖身体，使身心得以放松。

牛奶咖啡
Cafe Au Lait

深或中烘焙咖啡豆
　…15克
热水…150毫升
牛奶…125毫升

---

1 将15克咖啡豆研磨成中粉，倒入150毫升左右热水，萃取120毫升左右的咖啡。
2 将牛奶放入锅中，加热至60℃左右（边缘未呈凝固的状态）。
3 将咖啡和热牛奶倒入预热好的杯中。

Tips
咖啡和牛奶的理想比例是1：1。也可以使用植物奶，如豆奶、杏仁奶、燕麦奶等。

冰牛奶咖啡
Iced Cafe Au Lait

深或中烘焙咖啡豆
　　…20克
热水…150毫升
牛奶…80~100毫升
冰块…适量

- -

1　将冰块放入咖啡壶中。
2　将20克咖啡豆研磨成中
　　粉，注入150毫升热水，
　　萃取120毫升左右的咖
　　啡，迅速冷却。
3　将冰块、咖啡和牛奶倒入
　　玻璃杯中，轻轻搅拌。

Tips

急速冷却可以将咖
啡的口感和香味保
留在萃取液中。关
键在于增加粉量，
保证足够的萃取
浓度。

漂浮咖啡
Coffee Float

深烘焙咖啡豆…20克
热水…150毫升
胶糖浆…6~8克
香草冰激凌…1勺
冰块…适量

- -

1　咖啡壶中放适量冰。
2　将20克咖啡豆研磨成中
　　粉，注入150毫升热水，
　　萃取120毫升左右的咖
　　啡，急速冷却。
3　将冰块、咖啡和胶糖浆倒
　　入杯子中，轻轻搅拌。
4　加上香草冰激凌。

Tips

将咖啡冲得浓一些，
然后急速冷却，再
加入少量胶糖浆，
可使出品的咖啡具
有良好的平衡度。

爱尔兰咖啡
Irish Coffee

中烘焙咖啡豆…15克
热水…150毫升
爱尔兰威士忌…15毫升
红糖…10克
鲜奶油…25克

- -

1　将红糖放入咖啡壶中。
2　将15克中烘焙的咖啡豆研
　　磨成中粉，倒入150毫升
　　热水，萃取120毫升左右
　　的咖啡。
3　在预热好的玻璃杯中加入
　　15毫升的爱尔兰威士忌。
4　将咖啡倒入杯中。
5　将鲜奶油打至5分发，用
　　滤茶器过滤。
6　注入杯中。

Tips

如果没有爱尔兰威
士忌，也可以用其
他蒸馏酒，推荐使
用其他地区生产的
威士忌或白兰地。

咖啡果冻拿铁
Coffee Jelly Latte

中或深烘焙咖啡豆
　…20克
热水…150毫升
明胶…5克
牛奶…120克
砂糖…15克
冰块…适量

- - - - - - - - - - - - - - - - - - -

1　将20克咖啡豆研磨成中
　　粉，倒入150毫升热水，
　　萃取120毫升左右的咖
　　啡，然后加入砂糖。
2　将明胶溶于少量热水，加
　　入咖啡中，搅拌均匀。
3　放入冰箱冷藏，使之冷却
　　凝固。
4　用勺子将冻好的咖啡果冻
　　舀入玻璃杯中。
5　加入冰块和牛奶。

Tips

咖啡浓，做出来的
花式咖啡也会比较
浓郁。也可以用法
压壶将冷牛奶打发
一下。

橘子果酱牛奶咖啡

Marmalade Cafe Au Lait

中或深烘焙咖啡豆…15克
热水…150毫升
橘子酱…20克
牛奶…120克
砂糖…8克
橙皮…少量

- -

1 将15克咖啡豆研磨成中
　粉，倒入150毫升热水，
　萃取120毫升左右的咖啡。
2 加入牛奶、砂糖后加热。
3 用预热过的法压壶打发
　牛奶。
4 将咖啡和橘子酱加入预热
　过的杯子中，搅拌均匀。
5 将打发好的牛奶倒入，并
　在上面加上橙皮装饰。

Tips

用橙皮点缀，它和
咖啡很般配。想象
它是一杯俄式茶，
细细品尝吧。

煮沸式炼乳牛奶咖啡

Boiling type Condensed Milk Cafe Au Lait

中烘焙咖啡豆…17克
水…120毫升
牛奶…80毫升
炼乳…10毫升
橙皮…少量

----

1 将17克中烘焙的咖啡
 豆研磨成细粉，并放入
 锅中。
2 锅中加水，开小火。
3 当锅内的水开始沸腾时，
 加入牛奶和炼乳。
4 当水再次开始沸腾时，关
 火，用小号滤茶器过滤。
5 将橙皮汁挤到杯中以增添
 香气。

Tips

它有点像土耳其咖
啡，天气冷的时候
喝这款咖啡，会让
人从里到外都感到
温暖。即使没有那
么多设备，只要有
一口锅就能完成。

肉桂牛奶咖啡
Cinnamon Coffee

深烘焙咖啡豆…15克
热水…150毫升
牛奶…120毫升
蜂蜜…8克
肉桂棒…1个

- -

1 将15克咖啡豆研磨成中
  粉，倒入150毫升热水，
  萃取120毫升左右的咖啡。
2 将牛奶加热后加入蜂蜜。
3 将牛奶倒入预热过的法压
  壶中，打发。
4 在预热过的杯子中依次倒
  入咖啡、牛奶。
5 添上一根肉桂。

Tips

浓浓的咖啡上漂浮
蓬松的泡沫。用肉
桂棒进行搅拌，边
喝边享受其香味。

维也纳咖啡
Vienna Coffee

中或深烘焙咖啡豆…15克
热水…150毫升
鲜奶油…40克

----

1 将鲜奶油打发至七分。
2 将15克咖啡豆研磨成
  中粉，倒入150毫升热
  水，萃取120毫升左右的
  咖啡。
3 将打发好的鲜奶油覆盖在
  其表面。

Tips

维也纳咖啡即维也
纳风味的咖啡，在
当地也被称作是爱
因·舒伯纳咖啡。
加点奶油和少量糖
也同样美味。

Arrange your Espresso

花式浓缩咖啡

一杯浓郁的浓缩咖啡若搭配上牛奶、糖和柑橘类水果，那就是双重的美味享受。建议大家根据季节来搭配哦。

随着西雅图式咖啡馆的流行，在浓缩咖啡中加入大量牛奶的卡布奇诺和咖啡拿铁大受欢迎。此次，本书将在浓缩咖啡中尝试加入酒、汤力水和干果，挑战各种场景。

咖啡和水果搭配可能会让人有点难以想象，事实上柑橘的酸味与咖啡非常搭。如果咖啡只与碳酸饮料搭配，口感将十分苦涩。但是，如果搭配橙子，口感将变得很清新。就请大家尽情享受这种苦、酸、甜交织的咖啡吧。

这些季节喝什么好呢

春

春季最适合喝点蒂莱佳朵或摩卡咖啡，巧克力和香草冰的甜味与浓缩咖啡的苦味融合在一起，很好地平衡了口感。

夏

冷饮是夏季标配。快试试在其中加入碳酸饮料或水果。分为2层的浓缩汤力，可以说是品质优选。

秋冬

天气寒冷的季节，试试苹果汁拿铁。用苹果和肉桂煮成的苹果汁，让咖啡口感再上升一个层次。

冰镇美式咖啡
Iced Americano

深或中烘焙咖啡豆⋯20克
（2杯浓缩咖啡用量）
矿泉水⋯180毫升
冰块⋯适量

- -

1 将20克咖啡豆研磨成浓
  缩咖啡粉，萃取40~42克
  液体。
2 在玻璃杯中放入冰块，再
  加入浓缩咖啡、水，轻轻
  搅拌。

Tips

可以享受到咖啡的
原汁原味和香气。
清爽的味道是夏天
的绝配。

阿芙佳朵
Affogato

中烘焙咖啡豆…20克
（2杯浓缩咖啡用量）
冰激凌…150毫升

----

1 将冰激凌放在一个碗里。
2 将20克咖啡豆研磨成浓缩咖啡粉，萃取40~42克液体。
3 将浓缩咖啡倒在冰激凌上，使其融化。

Tips

香草冰激凌是标配，草莓和巧克力也是不错的搭档。

意式浓缩汤力
Espresso Tonic

中烘焙咖啡豆…20克
　（2杯浓缩咖啡用量）
汤力水…160毫升
冰块…适量

- -

1　将20克咖啡豆研磨成浓
　　缩咖啡粉，萃取40~42克
　　液体。
2　在玻璃杯中加入冰块和汤
　　力水。
3　将浓缩咖啡轻轻倒在冰块
　　上，会有分层出现。

Tips

汤力水辣中带甜。
看着就给人凉爽的
感觉，适合夏天。

摩卡咖啡
Cafe Mocha

中烘焙咖啡豆…20克
（2杯浓缩咖啡用量）
牛奶…240克
巧克力…15克
可可粉…适量

．．．．．．．．．．．．．．．．．．．．

1 将巧克力切碎，留少许用
  于装饰，其余均放入一个
  预热好的杯子中。
2 研磨20克咖啡豆，用其萃
  取40~42克液体。
3 将牛奶加热至65℃左右。
4 将咖啡和牛奶按顺序倒入
  预热好的杯子中，最后撒
  上可可粉、巧克力碎加以
  装饰。

Tips

浓缩咖啡和巧克力
是最佳搭档。回味
里有巧克力香味。
推荐用成人口味的
苦味巧克力。

橙子摩卡咖啡
Orange Cafe Mocha

中烘焙咖啡豆…20克
（2杯浓缩咖啡用量）
巧克力…15克
牛奶…240克
橙子皮…适量

1 将20克咖啡豆研磨成浓缩咖啡粉，萃取40~42克液体。
2 加入切碎的巧克力，搅拌均匀。
3 将橙子皮略挤压，加入牛奶中，加热至65℃。
4 取出橙子皮，倒入咖啡中。

Tips
它有一种令人愉快的橙子味，让人不禁想到巧克力香橙片的味道。

苹果汁拿铁
Applecider Latte

苹果糖浆
　苹果汁…15毫升
　砂糖…5克
　蜂蜜…5克
　丁香…1个
　八角…1/2个
　肉桂棒…1/3根
中烘焙咖啡豆…20克
　（2杯浓缩咖啡用量）
苹果酱…8克
牛奶…240毫升
粉红胡椒…3个

- - - - - - - - - - - - - - - - - - - -

1 将制作苹果糖浆的材料全
　部放入锅中，砂糖溶解
　后，用滤茶器过滤，去除
　香料。
2 研磨20克咖啡豆，萃取
　40~42克浓缩咖啡。
3 将苹果酱、苹果糖浆和浓
　缩咖啡倒入杯中，搅拌
　均匀。
4 将牛奶加热至65℃，倒入
　杯中，并在上面放上粉红
　胡椒。

Tips

这是一款能暖身的
热饮，非常适合秋
冬季节。

柑橘果干浓缩咖啡

Espresso Mandarin Squash

柑橘果干…8克
砂糖…8克
热水…15克
中烘焙咖啡豆…20克
 （2杯浓缩咖啡用量）
碳酸饮料…120毫升
冰块…适量

----

1 将柑橘果干、砂糖和热水
 放入小锅中，加热2~3分
 钟使砂糖充分溶解，关
 火，放至冷却。
2 将20克咖啡豆磨成浓缩
 咖啡粉，萃取40~42克
 液体。
3 将糖浆、冰块和碳酸饮料
 放入柑橘果干水中。
4 轻轻地将浓缩咖啡倒在冰
 块上，会有分层。

Tips
这是一款夏日清爽
饮品，一片片果干
为其增色不少，让
人充分地感受到柑
橘和咖啡之间的完
美搭配。

159

Latte
Art at
Home

在家玩转
拿铁拉花

拿铁拉花是指用打发的牛奶奶泡在卡布奇诺或其他饮料上画图的一项技艺。
如果记住窍门并学有所成的话，你的家庭咖啡馆的品类将更加丰富多彩。

制作拿铁拉花时，首先要准备好浓缩咖啡。如果家里没有浓缩咖啡机，也可以用摩卡壶代替。它虽不会产生泡沫，但能保留咖啡的油脂，出品口感浓厚的咖啡。

用奶泡（打发的牛奶）拉出爱心和叶子等形状。浓缩咖啡机配有锅炉，可在加热时打发牛奶。如果没有浓缩咖啡机，可以使用市面上的手持式打奶器或法压壶。这里建议手动操作，因为这样产生的泡沫更干净。上下移动压杆就可以打出想要的泡沫。

刚开始学时，可以先练习在液面上画圆圈。杯子也最好使用圆底和宽口的。

找到了摆动奶泡壶的感觉后，就可以尝试画不同类型的拿铁拉花了。

意式咖啡机

Espresso Machine
建议使用带有蒸汽机的意式浓缩咖啡机，以便为拿铁拉花打奶泡。如果蒸汽不足，可能无法快速将牛奶打发。

摩卡壶

Macchinetta
摩卡壶是采用直火将水煮沸，利用产生的水蒸气压力萃取浓缩咖啡。因为它只有2个左右的大气压，所以无法制作奶泡。

法压壶

French Press
通过加入温牛奶和上下移动压杆来制作出绵密的奶泡。

奶泡壶

Milk pitcher
建议使用尖嘴的不锈钢奶泡壶，规格是牛奶用量的2倍。

用意式咖啡机制作奶泡	用法压壶制作奶泡

Espresso Machine

French Press

1 形成进气的旋涡

将喷嘴头插入盛有牛奶的奶泡壶中，使其浸入约1厘米。打开开关，使奶泡壶内形成进气的旋涡。

1 加入牛奶

将65℃左右的牛奶加入到带有刻度线的法压壶中，至100毫升处，盖上盖子。

2 牛奶量加倍

将喷嘴头贴近奶泡壶边。牛奶呈旋涡式滚动，纹理清晰，起泡性好。当牛奶体积加倍并且变热时，移出喷嘴。

2 搅拌

一只手压着盖子，另一只手上下移动压杆，加快频率，直至有绵密的泡沫产生。

3 打开喷嘴

用专用的布擦拭机器的喷嘴，打开喷嘴，喷出残留牛奶。保持喷嘴内部清洁。

3 转移到另一个容器中

打开盖子，将奶泡倒入另一个容器中（如奶泡壶）。

Challenge Latte Art

挑战拿铁拉花

心形

I

浓缩咖啡…20克
奶泡…150毫升

1 将浓缩咖啡萃取到杯中。
2 倒入奶泡，从高处开始有力地倾注，当奶泡漂浮在咖啡液面上时，画一个圆圈。
3 在最后快满杯时从圆圈中心画一条线收尾。刚开始应先练习画好一个圆，慢慢熟练后方可画好一个心。

Tips

心形是最基础的图案。看似简单却暗藏玄机，振壶方式以及靠近液面的时机都会影响图案的大小和心的形状。找到倾注的感觉，然后开始练习如何画其他图案吧。

1 注入牛奶

将装有浓缩咖啡的杯子向前倾斜，从高处开始倒入奶泡。

2 有力地倒奶泡

有力地倒奶泡，使其能达到浓缩咖啡的底部。液面逐渐上升。

3 下沉奶泡壶

液面上升后，将奶泡壶的壶嘴靠近液面直到它出现白点。

4 摆动奶泡壶

当奶泡漂浮在咖啡液面上时，轻轻左右摆动奶泡壶，同时将杯子抬高，以扩大液面上的圆圈。

5 从前往后

用奶泡壶的壶嘴从前往后贯穿圆圈的中心，画一条线，一个心形就完成了。注意把握时机，不要着急。

6 稳准直地收尾

斜着提起奶泡壶，稳准直地收尾，一个漂亮的爱心就完成了。

叶子

浓缩咖啡…20克
奶泡…150毫升

1 萃取浓缩咖啡倒入杯中。
2 倒入奶泡。从高处开始有
  力地倒入，当奶泡漂浮在
  咖啡液面上时，小心地左
  右振动奶泡壶来画一片
  叶子。
3 最后从中间画一条线。

Tips

中快速而轻微地摆动，会
拉出一片狭长的叶子；幅
度大而缓慢地摆动，可以
拉出一片圆形的叶子。叶
子是拉花中的基本图案之
一，由此可以创造出各种
变化。开始尝试画出不同
形状的叶子吧。

1 注入奶泡

将咖啡杯向前倾斜，奶泡壶在离液面较高的位置开始倒入奶泡。

2 有力地倒奶泡

有力地倒奶泡，使其能达到浓缩咖啡的底部。壶的位置离液面越近，冲击力越强。

3 下压奶泡壶

当奶泡漂浮在咖啡液面上时，将奶泡壶的壶嘴贴近液面中心稍靠后的地方。

4 轻微摆动

当奶泡漂浮在咖啡液面上时，有节奏地左右轻微摆动奶泡壶，同时将杯子抬高，画出叶子的形状。

5 缩小摆幅

当外侧的图案沿着杯子的边缘变宽时，逐渐缩小左右摆动的幅度，并向前移动。

6 从前往后

从前往后移动奶泡壶使之画出一条贯穿整个图案的中心线，然后稳准直地切断最后的奶泡，一片漂亮的叶子就完成了。

Challenge Latte Art

拿铁拉花一览

心形和叶子是拿铁拉花的基础形状。
下面介绍如何拉出一些更加复杂的拿铁拉
花，例如熊、郁金香。

拿铁拉花最吸引人的地方是
看着咖啡表面漂浮的可爱
图案，你会不禁露出笑容。
一旦你掌握了画心和叶子的方法，就
可以再加上圆圈来画郁金香，或者用
雕花棒来画出熊的脸，那么就试着向
更高一层的拉花技艺进发吧。

如果总是无法成功，也可以使用
拿铁拉花模板。只需将模板放在一杯
咖啡上，然后在上面倒上粉末，就轻
松搞定了。有了模板，小孩都能学会，
就可以全家人一起制作拉花了。

1

2

3

1 | 心心相印

Heart in heart
倒入牛奶，画一个大圆圈，在大圆圈下面画
一个小圆圈推入大圆圈中。最后将奶泡壶抬
高，从中间画一条线贯穿收尾。

2 | 郁金香

Tulips
先从中间画第一个圆圈，然后画第二个圆圈
并推入第一个圆圈中。用同样方法画第三个
圆圈，推入第二个圆圈中。最后从中画一条
线收尾。

3 | 心和叶子

Heart and leaf
先在杯子的边缘画一片叶子，然后在旁边画
两个小小的心。注意这两个图的平衡。

4 | 熊

Bear
倒入牛奶画出大圆圈，再在大圆圈内画小圆
圈，一个轮廓就完成了。然后用勺子去掉气
泡，画耳朵。最后用雕花棒沾咖啡液，画出
眼睛和嘴巴收尾。

5 | 雪人

Snowman
倒入牛奶画大圆圈，再在大圆圈内画小圆圈，
然后拉到前面画一个角。最后用雕花棒画帽
子、眼睛、嘴巴、围巾、手套等，收尾。

6 | 模板

Stencil
将模板放在一杯咖啡上，撒上深色粉末，最
后移除模板就完成了。

167

Blending
Coffee
Beans

在家混合咖啡豆，
找到自己喜欢的味道

了解咖啡豆的个性后，就确定一个主题试
着混合咖啡吧。
或许会独创出一种专属于自己的味道。

喝单品咖啡可以直接让人了解到咖啡豆的个性，而喝混合咖啡会打破人们对咖啡口味的认知，它不仅体现了咖啡豆的个性，还创造出一种融合的味道。虽然把咖啡豆混合在一起的动作很简单，但是混合什么咖啡豆、混合多少以及想得到什么口味等，都需要人们发挥出自己的创造力。即使在家里也能混合咖啡豆，十分方便。如果想要找到自己喜欢的口味，一定要试试。

并不是说把咖啡豆随便地混合在一起，就能产生一杯美味的混合咖啡。

还需要考虑到打算混合的咖啡豆的味道、特点、混合比例以及会得到的味道。

最开始大家都会苦恼应该混合哪几种咖啡豆，所以，若是初学者，首先要定下一种基础豆，然后往基础豆中加入另一种豆进行混合。开始时以7 : 3为基准比，20克咖啡豆的话，就相当于14 : 6。之后可以将比例调整为6 : 4或者4 : 6，通过改变比例来发现味道的不同。为避免试饮时味道发生偏差，最好用法压壶萃取。

混合咖啡的特点就是它让
1+1不只等于2，还有可能等
于3或4。每家咖啡店都有自
己独创的混合配方，其中包
含着不同的概念。颜色、音
乐或场景都可以作为主题，
主题的概念是无穷无尽的。

家庭混合咖啡的基础知识

1 定下基础豆

建议初学者使用平衡度佳的中性咖啡
豆作为基础豆，如巴西、哥伦比亚或
危地马拉的咖啡豆。

2 先从两种开始混合

先想一想要在基础豆中再补充什么
味道，然后确定欲添加的第2种咖啡
豆。多尝试不同的搭配比，如7:3或
6:4。熟练之后也可以再添加其他种
类的咖啡豆。

3 使用烘焙过的咖啡豆，混合前
先称重

咖啡豆一旦研磨，就很难混合均匀，
所以要选择已经烘焙但尚未碾磨的咖
啡豆进行混合。每次都按比例称重的
话，就不易出现味道的偏差。

4 用法压壶萃取

为确保试饮时萃取液的稳定性，最好
使用法压壶萃取，不用滤杯。

Introducing Blend Beans

混合豆大推荐

下面是咖啡店内常卖的一些混合咖啡品种。

慢慢熟练后，就可以设计自己的配方啦。

摩卡混合咖啡

Mocha

摩卡混合咖啡以埃塞俄比亚产咖啡豆为基础豆，具有高级的香气和口感，再加入具有丰富酸味的哥斯达黎加产咖啡豆。这就是高品质的"摩卡混合咖啡"。

30%	70%
哥斯达黎加	埃塞俄比亚

杜尔塞混合咖啡（浅烘焙）

Dulce

杜尔塞混合咖啡是由酸度较强的哥斯达黎加产浅烘焙咖啡豆和酸甜恰到好处的玻利维亚产咖啡豆混合而成。口感清甜、干净。

40%	60%
玻利维亚 浅烘焙	哥斯达黎加 浅烘焙

深烘焙混合咖啡

Deep roast

深烘焙混合咖啡的基础豆是危地马拉的深烘焙咖啡豆，香味浓郁，口感醇厚。混入肯尼亚产咖啡豆，使其口感变得丰富，再混入萨尔瓦多产咖啡豆，又使之多了一份甜味。苦味强烈，但却令人心旷神怡。

萨尔瓦多 深烘焙

20%	20%	60%
肯尼亚 深烘焙		危地马拉 深烘焙

意式浓缩咖啡

Cremoso

意式浓缩咖啡的基础豆为平衡度高的危地马拉产咖啡豆（中深烘焙），因为有奶油，所以口味和质感浓郁。酸度适中，巧克力和焦糖的交融，令人无法忘怀。

玻利维亚 深烘焙

10%	30%	60%
巴西 中烘焙		危地马拉 中深烘焙

如何享用咖啡店的原创混合咖啡

品尝每家店的经典混合咖啡

咖啡专卖店等会在店内售卖自己的原创"混合咖啡"。它们种类繁多，有的带有商店名称，有的是季节或节日特有。

这些混合咖啡一般口感均衡，符合大多数人的口味。若是第一次光顾，可以先请店员推荐。

店家会始终保持店内的经典混合咖啡味道不变。虽然季节有变换，购买咖啡豆的种类也会发生变化，但是仍会以经典混合咖啡为重，保持它的味道不变。近来，季节性混合咖啡也越来越多，遇到圣诞节、情人节等，还要考虑如何搭配节日甜品。

建议大家不要局限于某一种品牌，多去尝尝咖啡店里的或自制的混合咖啡。

咖啡师是咖啡的翻译家

随着精品咖啡的流行，咖啡师这一职业也逐渐为人所知。据说"咖啡师"（barista）这一词起源于意大利语的"bartender"，原意是"在酒吧提供服务的人"。意大利酒吧一般都会卖酒和咖啡，很多人在早晨或白天都会顺道来酒吧喝杯浓缩咖啡，用苦中带甜的浓缩咖啡来补充能量。意大利的这种咖啡文化后来传播到世界各地，专门从事咖啡萃取和服务的咖啡师越来越多，人们的意识也发生了改变，尊称他们为咖啡专家。

如今提到咖啡师，人们会认为他们是一群在咖啡专卖店冲煮和售卖咖啡的人。当咖啡被端到饮用者面前时，人们看见的只不过是一杯棕色的液体。但是，在了解咖啡的有关知识，如咖啡豆的品种、出产国、栽培者、烘焙程度、萃取方法后，人们肯定会有不同的体会和更深的感受。

事实上，咖啡师的一个重要作用就是向饮用者传达这些信息。从一杯咖啡就能具体地讲出其背后的复杂故事，可以说咖啡师就是一名翻译家，翻译出咖啡背后的味道，给饮用者带来情感的触动。何不请学识渊博的咖啡师按饮用者的喜好冲煮一杯咖啡呢？把它作为开启幸福的咖啡之旅的第一步吧。

6
Chapter

Enjoy Coffee with Foods

咖啡配美食

Enjoying Food Pairing

选择适合的食物
搭配美味咖啡

喝咖啡的时候，搭配与之相得益彰的食物，能让人发现这杯咖啡更多的特质，加深对它的理解。

" Food Pairing"是指食物搭配，比起单独饮用，将咖啡与其他食物搭配食用更是别有一番风味。就像"红酒配奶酪"，酒精和食材的味道、香气叠加，互相成全。

寻找与咖啡搭配的食物有许多种方法。我想给咖啡入门者一个小建议：按照味道类别去搭配，比如酸味咖啡就搭配水果类。不同的食材充分展现出各自的特性，一起食用让味蕾更加丰富，能得到单独食用时感知不到的体验，取得"1 + 1 = 3"的效果。

如果食物搭配的方向不对，也品味不出咖啡的特点。比如说：酸味突出的咖啡，配上味道强烈又厚重的巧克力蛋糕，咖啡完全被压制，就很难品尝出它原本的味道。而巧克力蛋糕搭配醇厚咖啡就是不错的组合，因为这种咖啡的浓郁味道不会被甜味所掩盖。

咖啡的酸味也不能一概而论，仔细分类的话还有柑橘系、浆果系等，丰富多彩。按照这样更加细致的方向去搭配食物的话，一定会发现许多可谓是"天生一对"的组合。

食物搭配的关键

1 熟知咖啡的风味

有的咖啡酸味强烈，清爽淡薄；有的咖啡苦味明显，浓郁厚重。我们需要先准确把握咖啡原本的味道——通过原产国、咖啡豆的种类、烘焙度等来判断。也可以参考本书第50页介绍的咖啡风味轮。

2 方向保持一致

与咖啡搭配的点心、水果等食物，应与咖啡风味属于同一方向。

3 把握细节才能找到最优选

比如：同样是酸味咖啡也有细微差别，不同类型的酸味给人带来不同的感受：柑橘类的爽快型酸味，热带水果独有的果实成熟后的甜酸味等。要根据酸味的不同来选择搭配的食物。

Tips

食物搭配，有许多讲究。这里以咖啡为主角来介绍食物搭配。咖啡搭配食物，目的在于：丰富咖啡口感层次、发现单喝咖啡时没能凸显出来的魅力之处。

175

把肯尼亚产的咖啡想象成红酒，为它寻找可搭配的食物

肯尼亚产咖啡口感饱满充实，
可与多种食物搭配。

肯尼亚是出产独具特色的咖啡的国家之一。我们经常用"像浆果一样的""像红酒一样的""像红茶一样的"等语句来描述肯尼亚产咖啡，它口感充实饱满、香气扑鼻、独一无二。肯尼亚咖啡的酸是果酸，可与多种食物搭配。有时，肯尼亚咖啡会被喻为红酒，所有能搭配红酒的食物，如奶酪、果干、生火腿等都意外地与肯尼亚咖啡很配。咖啡豆的烘焙程度，建议选择"中烘焙""浅烘焙。"

3 →

4 ↗

1 | 米莫莱特奶酪

Cheese Mimolette

一种橙色硬奶酪，大众口味。喝咖啡后，口腔内温度上升，这时吃上一口奶酪，奶香味立刻在口中弥漫。接着再喝咖啡，咖啡的酸味与奶酪的香气合二为一，让人欲罢不能。

2 | 果干

Dried Fruit

葡萄干、无花果干、芒果干、香蕉干之类的果干，带有天然的水果甘甜。这与咖啡原本的甘味相辅相成，使咖啡的口感更为充实饱满，具有鲜明的热带水果风味。

3 | 法国乡村风味肉饼

Pate De Campagne

由猪肉和猪肝煎烤而成。咖啡让口腔内温度上升，以肉饼配咖啡，油脂会在口腔中融化，质感变得更为厚重，肉香倍增。

4 | 生火腿

Raw Ham

众所周知，咸香诱人的生火腿是红酒的最佳搭档，其实它与香气诱人的肯尼亚产咖啡也很配。火腿的鲜咸伴随着香浓的咖啡，在口中萦绕。

Tips

肯尼亚产咖啡可搭配的食物范围十分广泛，是甜咸皆可的万能咖啡。特别是生火腿这样的肉类食品，随着油脂在温暖的口腔中化开，香气弥漫，会带给人全新的饮食体验。

瑰夏

—

奢华的瑰夏需搭配香气扑鼻的食物

瑰夏搭配香气扑鼻的食物，香味倍增，幸福无比。

个性显著的瑰夏咖啡，最大的特点在于花香浓郁，堪比香水。它所具有的酸味如同香柠檬（佛手柑）油和柠檬茶一般，让人身心愉悦。选择浅烘焙和中烘焙的咖啡，更能体验到花香。搭配香味显著的食材，就如同注入了加强剂一般，更能彰显瑰夏的魅力。

让人吃惊的是，淋了酱油的米饼竟与瑰夏很搭。据说，烘焙后的咖啡，其实与酱油含有同一类别的成分，香气叠加，相得益彰。

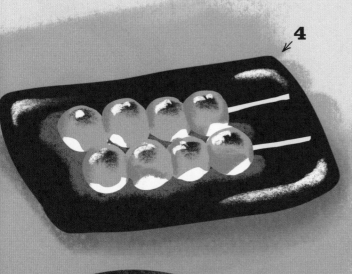

1 │ 酒心糖

Sugar Bonbon

糖里包着糖浆和酒，放入口中的瞬间会感受到十足的果香味。双倍香气，更添瑰夏魅力。

2 │ 干果

Dried Fruit

干果中浓缩了水果天然的酸甜，让人能品尝到果香。干果配瑰夏，除了瑰夏原本的花香，还能感受到瑰夏中所隐藏的热带水果风味。

3 │ 红茶曲奇

Tea Cookies

大吉岭茶和伯爵茶等红茶特有的芬芳与瑰夏的香气相互交融，更添一层奢华。

4 │ 御手洗团子

Mitarashi Dumpling

御手洗团子（日本传统甜食）最大的特征就是表面那层又甜又咸的酱汁，它的香气在众多"和果子"中也十分具有辨识度，是瑰夏咖啡的好搭档。

5 │ 柚子米饼

Yuzu Rice Crackers

这款点心富有柑橘类水果——柚子的清新，还有特制甜咸味酱油汁的香气。它的微酸和香气与瑰夏十分匹配。

Tips

瑰夏咖啡味道细腻，正因如此，如果食物搭配不当，就会影响它的味道。由于它一般以纯咖啡的形式呈现，搭配食物时也需多花心思。

179

味道平衡的中美洲产咖啡万物皆可搭

中美洲产咖啡可搭配的食物范围十分广泛，不论是甜食还是三明治这种带有咸味的食物都可以。

虽说是中美洲产，巴拿马、危地马拉、洪都拉斯、哥斯达黎加等中美洲咖啡生产国却各有特色。中美洲产咖啡也具有酸味丰富、醇度适中、入口润滑的共同点，整体来看，中美洲多产出味道平衡的咖啡。

因此，中烘焙的中美洲产咖啡能与多种食物搭配：柑橘系的酸味食物、含有豆馅儿的甜品、味道浓郁的奶酪等，可选择面很广。

1 | 柚子红豆蛋糕卷

Ichiroku Tart

这款点心是用薄薄的蛋糕底卷柚子和红豆馅。这种味道久吃不腻，柚子的清香是点睛之笔。柚子与中美洲咖啡的柑橘香十分契合。

2 | 古老也奶酪

Gruyere Cheese

奶酪火锅里经常使用这种奶酪。在喝过咖啡后温度升高的口腔中，奶酪与咖啡的香气弥漫开来，余味悠长。此款奶酪口感顺滑，十分适合柔和的中美洲咖啡。

3 | 奶酪蛋糕

Cheesecake

中美洲产咖啡适合搭配生奶酪蛋糕或者干酪蛋糕类大众口味的奶油奶酪蛋糕。软绵绵的奶酪与柔和的中美洲咖啡，天生一对。

4 | 法式冷肉冻

Pork Terrine

中南美产咖啡能很好衬托这款用猪肉、培根、洋葱、芦笋等制成的、风味迷人的食物。恰到好处的香料味道加上鲜嫩多汁的口感，让人欲罢不能。

> **Tips**
>
> 良好的质感是各式各样的中美洲产咖啡共通的特点。例如帕卡马拉种，搭配奶酪更能彰显咖啡丝滑的质感，奶香四溢，身心愉悦。

1

深烘焙咖啡

深烘焙咖啡适合
带有苦味、口感醇厚
的食物

深烘焙咖啡搭配这样的食物，除了咖啡的
苦涩，味蕾还能感知它深层的味道，两者
在口腔中叠加，余香持久。

深烘焙咖啡的苦涩和醇厚，独
具魅力。只有味道厚重的食
物，才能让这种魅力发挥到
极致。我特别推荐巧克力和坚果。偏
酸味的咖啡，会被巧克力的强烈味道
掩盖住。但是，深烘焙咖啡与巧克力，
在风味和苦味上都旗鼓相当，这样反
而更容易感受到咖啡的个性。咖啡温
暖了口腔，巧克力在口中化开，口感
奢华，余香久存。

2

3

4

1 | 巧克力蛋糕

Chocolate Cake

巧克力蛋糕是深烘焙咖啡的不二之
选。在咖啡恰到好处的苦味的衬托
下，蛋糕的巧克力风味更为丰富、
多元。

2 | 杏仁巧克力

Almond Chocolate

巧克力和杏仁的香味与咖啡的香气叠
加。巧克力在喝过咖啡的口中融化，
其特有的丝滑感与咖啡的质地合二为
一，平添几分厚重。

3 | 坚果

Nuts

坚果是咖啡风味的一种，坚果搭配咖
啡更让这种风味倍增。坚果的香脆口
感和丰富油脂，让咖啡余韵悠长。

4 | 铜锣烧

Dorayaki

铜锣烧喷香的表皮、甘甜的蜂蜜、满
满的豆馅儿，与苦涩浓厚的深烘焙咖
啡相互映衬，醇厚与甜蜜的口感充满
口腔。

Tips

深烘焙咖啡苦涩、厚重、醇度高，
适合搭配含有巧克力的食品，余香
久留，独具魅力。

经过日晒法处理的咖啡最适合美味甜品

果实的香甜，有时带有食物发酵后的香气。
能让人获得独特的味觉体验。

日晒处理法是指将带有果肉的咖啡豆自然干燥。这种咖啡豆带着果味芳香，别具一格。有的像草莓一样香甜、有的则有酒一样的发酵香。这种处理方法广受追捧。

日晒法处理的咖啡风味独特，需抓住这个特点来搭配食物。比如浆果系的酸甜食物、带有发酵香气的红豆面包等，都能让人体会到单独饮用时品尝不出的美妙。

184

1 ┃ 草莓海绵蛋糕

Strawberry Shortcake

草莓是酸甜浆果系的代表，再加上涂了厚厚淡奶油的松软海绵蛋糕，搭配一杯咖啡，更显蛋糕的浓厚口感。两者味道相近，蓬松口感及酸甜味道久留于口。

2 ┃ 豆大福

Mame Daifuku

豆大福的豆馅中稍微加入一点盐更绝妙。豆馅太甜会压制住咖啡的风味，味道显得单调，有盐味调和可以让咖啡中的天然果香更为显著。

3 ┃ 烤奶酪蛋糕

Baked Cheesecake

像巴斯克奶酪蛋糕这种奶酪感厚重的蛋糕更为合适。成熟果实的香气融合着浓厚的奶酪香气，形成一股发酵特有的甜香味。口感厚重，余香残留。

4 ┃ 红豆面包

Anpan

最好选择以整粒红豆为馅儿的那种红豆面包。豆沙馅儿的甜度较高，不过面包会中和甜度，也是不错的选择。加了盐渍樱花的红豆面包则增添了一丝咸甜，别有风味。

Tips

日晒法处理的咖啡与盐渍樱花也是绝妙组合。春天时，搭配樱花豆馅儿面包和樱花味冰激凌也能丰富口感层次，使各种味道在口中融合。

辛香味显著的印度尼西亚产咖啡，要以醇厚的食物来搭配

印度尼西亚产咖啡与那些平常不会用来搭配咖啡的食物，意外契合。

苏门答腊岛上种植的曼特宁、苏门答腊等品种的咖啡豆醇度高，让人联想起苦焦糖、可可和卷烟的味道。印度尼西亚产的咖啡大多余味悠长，与它相配的食物有些出乎意料，很难想到它们可搭配咖啡。比如与咖喱面包搭配起来就很绝妙，辛香扑鼻。此外，味道浓郁的巧克力、日本花林糖等，与印度尼西亚产咖啡的苦味和厚重感平分秋色。入口后味道上发生的变化，会给人意想不到的惊喜。

1 | 咖喱面包

Curry Bread

推荐那些加入了香辛料的地道的咖喱面包，入口后香辛料的香气愈发浓烈，让人欲罢不能。

2 | 可可含量很高的巧克力

High Cocoa Chocolate

苦味稍重的巧克力与苦焦糖般的印度尼西亚产咖啡互相加持，入口后，能获得一种破解了可可复杂味道之奥秘的快感。

3 | 花林糖

Karinto

黑糖独有的浓郁甜味遇到深沉而厚重的、微苦印度尼西亚产咖啡，一番争夺之后，握手言和，走向共赢。

4 | 热狗

Hot Dog

肉汁饱满的香肠加上芥黄酱的辛香。热狗搭配咖啡，油香四溢，还有一丝香草的芬芳。

Tips

印度尼西亚产咖啡搭配的食物，都有余味悠长的特点，适合时间充足时慢慢品味。

咖啡专业术语

阿拉比卡种

世界咖啡的50%以上都是这个品种。畏干旱，对病虫害抵抗力较低，不易种植。入选精品咖啡的皆为阿拉比卡种，包括波旁、铁皮卡、摩卡、蓝山等。
→ P030

爱乐压壶

它集浸泡式和加压式的功能为一身。萃取时像使用注射器一样按压其顶部加压。
→ P077

杯测

对咖啡进行检测，一般包括品质检查和味道测试，也被称为杯试。
→ P016，048，066

滴滤式萃取

将热水倒在咖啡粉上进行萃取。代表性的就是手冲咖啡。咖啡的味道会随滤杯的不同而发生变化，对冲的人有一定技术要求。
→ P074

法压壶

浸泡式咖啡壶之一。将咖啡粉倒入壶中，加入沸水，均匀缓慢地下压压杆即可。这种方法萃取出的咖啡，味道稳定，并且会将咖啡油脂充分萃取到咖啡液体中，使咖啡香味浓郁。
→ P077

瑰夏

1931年发现于埃塞俄比亚。2004年巴拿马翡翠咖啡园出品的瑰夏创造了瑰夏咖啡史上最高竞拍价。
→ P031

烘焙

加热咖啡生豆，激发其香味。也称为烘烤。按照加热程度分为：深烘焙、中深烘焙、中烘焙、浅烘焙。
→ P026

虹吸壶

浸泡式咖啡壶中的一种，由上下两壶组合而成，高温瞬间萃取。
→ P077

混合咖啡

将两种以上的咖啡豆混合在一起，调和酸味与苦味，取得平衡口味。每家店制作的都不一样，可多尝试各种口味。
→ P168

加压式萃取

给咖啡粉加压，20~30秒就能萃取完成。代表性的就是意式浓缩咖啡，味道浓郁。
→ P074

金属滤网

由金属筛网构成的滤网，分为梯形和锥形。金属筛网有多种型号。
→ P116

浸泡式萃取

将咖啡粉倒入热水中浸泡萃取。法压壶是其典型代表。特点是无论谁来冲，味道都很稳定。
→ P074

精品咖啡

杯测达到80分以上、风味独特的咖啡豆。20世纪70年代始于美国，位于咖啡金字塔的顶尖。
→ P024

咖啡豆研磨器

研磨咖啡豆的器具，有"圆锥形刀盘""平刀式磨盘""螺旋桨式刀盘"等几种。

→ P086

咖啡分级

按照产地海拔、咖啡豆尺寸、瑕疵豆数量、评测咖啡液来对咖啡进行分级，有精品咖啡、优质咖啡、普通咖啡、低等级咖啡等四个等级。

→ P024

咖啡滤纸

在滤纸滴滤萃取咖啡时，咖啡滤纸必不可少。选择合适的滤纸要结合滤杯形状。

→ P080

咖啡师

接受客人点单制作咖啡的专业人士，会选择咖啡豆、调整咖啡机等技术和技巧。

→ P059

咖啡树

咖啡树是茜草科咖啡属多年生常绿灌木，它的种子就是咖啡豆。

→ P014

咖啡因

咖啡中含有的成分，可刺激中枢神经，让头脑更为活跃，还有减轻疲劳、促进胃酸分泌的功效。

→ P072

咖啡樱桃

咖啡树的果实，成熟后变红，里面的种子就是咖啡生豆。

→ P014

咖啡壶

用于盛萃取好的咖啡。要一次性冲煮好几杯咖啡时可选用咖啡壶。壶身上有刻度的玻璃制咖啡壶更便于把握萃取量。

→ P080

卡尼佛拉种

也被称为罗布斯塔。特点是：耐病虫害，单树收获量高，多用于速溶咖啡、混合咖啡和罐装咖啡。

→ P030

绿原酸

咖啡中的成分，能提高胰腺功能，抑制身体中的炎症，具有抗氧化作用。

→ P072

滤杯

利用滤纸滴滤时需搭配滤杯。大致分为锥形滤杯（卡丽塔蛋糕滤杯、凯梅克斯滤杯、好璃奥V60滤杯、河野滤杯、折纸滤杯）和梯形滤杯（梅丽塔单孔滤杯和卡丽塔3孔滤杯）。

→ P078

滤纸滴滤

使用咖啡滤纸的滴滤式萃取方法。操作简单，价格便宜。不同形状滤杯萃取出的咖啡，味道也不一样。

→ P074

摩卡壶

加压式萃取时使用的咖啡壶之一。放在明火上加热，可萃取出浓缩咖啡。意大利家庭一般使用摩卡壶萃取咖啡。

→ P077

拿铁拉花艺术

在浓缩咖啡中加入奶泡，绘制图案。

→ P160

奶泡

将牛奶打发至起泡。咖啡拉花时需要用到。

→ P160

生产处理方法

咖啡豆收获之后的生产处理方法，主要有：自然干燥式、水洗式、半水洗式等。

→ P016

生产过程

生产中各项信息。是精品咖啡的硬性指标。

→ P024

食物搭配

根据咖啡的品种和烘焙程度，搭配合适的食物。

→ P174

手冲咖啡

自己在咖啡粉上倒入热水冲咖啡。可使用滤纸、滤布、金属滤网等进行操作。

→ P082，096

脱咖啡因咖啡

去除了咖啡因的咖啡。去除咖啡因的方法有"瑞士水处理法""超临界二氧化碳处理法"等。

→ P070

纹路

滤杯内壁的起伏。它制造了滤杯与滤纸之间的缝隙，让咖啡有接触空气的余地。滤杯的纹路有多种。

→ P078

液体咖啡

咖啡萃取完成之后装罐，开封后可直接倒入杯中饮用。可以配牛奶，别有风味。

→ P063

意式浓缩萃取

高压瞬间萃取。浓度高，萃取出的咖啡适合做成拿铁等调制咖啡。

→ P074，130

卓越杯咖啡杯测赛（CoE）

对当年生产的咖啡豆按照国别进行评比的国际性咖啡豆品评会。获奖咖啡豆要在网上公开竞拍。

→ P134

丸山咖啡株式会社

轻井泽本店

丸山咖啡 小诸店·烘焙工厂

感谢
AWABEES
道具租赁公司
大力协助

图书在版编目（CIP）数据

跟冠军咖啡师学做咖啡 /（日）丸山咖啡，（日）铃
木树监修；范文译 . —北京：中国轻工业出版社，2022.9
ISBN 978-7-5184-3985-0

Ⅰ . ①跟…　Ⅱ . ①丸…②铃…③范…　Ⅲ . ①咖
啡—配制　Ⅳ . ① TS273

中国版本图书馆 CIP 数据核字（2022）第 075955 号

责任编辑：王　玲　　　责任终审：李建华

整体设计：锋尚设计　　责任校对：朱燕春　　责任监印：张京华

出版发行：中国轻工业出版社（北京东长安街6号，邮编：100740）

印　　刷：北京博海升彩色印刷有限公司

经　　销：各地新华书店

版　　次：2022年9月第1版第1次印刷

开　　本：710×1000　1/16　印张：12

字　　数：200千字

书　　号：ISBN 978-7-5184-3985-0　定价：58.00元

邮购电话：010-65241695

发行电话：010-85119835　传真：85113293

网　　址：http://www.chlip.com.cn

Email：club@chlip.com.cn

如发现图书残缺请与我社邮购联系调换

201546S1X101ZYW